T0222964

BestMasters

Mit „BestMasters" zeichnet Springer die besten Masterarbeiten aus, die an renommierten Hochschulen in Deutschland, Österreich und der Schweiz entstanden sind. Die mit Höchstnote ausgezeichneten Arbeiten wurden durch Gutachter zur Veröffentlichung empfohlen und behandeln aktuelle Themen aus unterschiedlichen Fachgebieten der Naturwissenschaften, Psychologie, Technik und Wirtschaftswissenschaften.

Die Reihe wendet sich an Praktiker und Wissenschaftler gleichermaßen und soll insbesondere auch Nachwuchswissenschaftlern Orientierung geben.

Sabine Knöner

Cognitive Biases beim Umgang mit Daten im Biologieunterricht

Sabine Knöner
Berlin, Deutschland

OnlinePlus Material zu diesem Buch finden Sie auf
http://www.springer.com/978-3-658-17009-7

BestMasters
ISBN 978-3-658-17008-0   ISBN 978-3-658-17009-7   (eBook)
DOI 10.1007/978-3-658-17009-7

Die Deutsche Nationalbibliothek verzeichnet diese Publikation in der Deutschen National-
bibliografie; detaillierte bibliografische Daten sind im Internet über http://dnb.d-nb.de abrufbar.

Springer Spektrum
© Springer Fachmedien Wiesbaden GmbH 2017
Das Werk einschließlich aller seiner Teile ist urheberrechtlich geschützt. Jede Verwertung, die
nicht ausdrücklich vom Urheberrechtsgesetz zugelassen ist, bedarf der vorherigen Zustimmung
des Verlags. Das gilt insbesondere für Vervielfältigungen, Bearbeitungen, Übersetzungen,
Mikroverfilmungen und die Einspeicherung und Verarbeitung in elektronischen Systemen.
Die Wiedergabe von Gebrauchsnamen, Handelsnamen, Warenbezeichnungen usw. in diesem
Werk berechtigt auch ohne besondere Kennzeichnung nicht zu der Annahme, dass solche
Namen im Sinne der Warenzeichen- und Markenschutz-Gesetzgebung als frei zu betrachten
wären und daher von jedermann benutzt werden dürften.
Der Verlag, die Autoren und die Herausgeber gehen davon aus, dass die Angaben und Informa-
tionen in diesem Werk zum Zeitpunkt der Veröffentlichung vollständig und korrekt sind.
Weder der Verlag noch die Autoren oder die Herausgeber übernehmen, ausdrücklich oder
implizit, Gewähr für den Inhalt des Werkes, etwaige Fehler oder Äußerungen. Der Verlag bleibt
im Hinblick auf geografische Zuordnungen und Gebietsbezeichnungen in veröffentlichten Karten
und Institutionsadressen neutral.

Gedruckt auf säurefreiem und chlorfrei gebleichtem Papier

Springer Spektrum ist Teil von Springer Nature
Die eingetragene Gesellschaft ist Springer Fachmedien Wiesbaden GmbH
Die Anschrift der Gesellschaft ist: Abraham-Lincoln-Str. 46, 65189 Wiesbaden, Germany

Inhaltsverzeichnis

Der Anhang (Seiten I-XLI) zu dieser Arbeit ist auf springer.com auf der Produktseite
dieses Buches kostenlos verfügbar.

Abbildungsverzeichnis

Tabellenverzeichnis

1 Zusammenfassung

Der Umgang mit Daten im naturwissenschaftlichen Unterricht spielt vor allem im Hinblick auf eine Schülerzentrierung sowie die Einbindung praxisnaher Erkenntnismethoden eine wichtige Rolle. Damit Schüler_innen Erkenntnisse aus experimentellen Untersuchungen gewinnen können, sollten die daraus generierten Informationen in Form von Daten möglichst ohne subjektive Erwartungseinflüsse betrachtet werden. Empirische Untersuchungen zeigen jedoch, dass genau dabei Schwierigkeiten zu bestehen scheinen, die sich in unterschiedlichen Bestätigungstendenzen beim Umgang mit den Daten zeigen. Schüler_innen neigen demzufolge dazu, von ihren Erwartungen abweichende Daten zu ignorieren, abzulehnen oder umzuinterpretieren, um ihre Eingangshypothese zu bestätigen. Bisher wurden diese Ergebnisse der Lehr- und Lernforschung vorwiegend phänomenologisch beschrieben und als Bestätigungstendenzen zusammengefasst. Durch den kognitionspsychologischen Ansatz der Heuristiken und Cognitive Biases können sie hingegen differenzierter betrachtet werden. Dieses Forschungsgebiet beschäftigt sich mit intuitiven Entscheidungs- und Urteilsprozessen im menschlichen Informationsverarbeitungsprozess und bietet kognitionspsychologische Erklärungsansätze für dabei auftretende systematische Verzerrungen.

Ziel der vorliegenden Arbeit ist es, diese vertiefenden sowie differenzierteren Erklärungsansätze der Kognitionspsychologie theoriebasiert auf die Defizite beim Umgang mit Daten zu übertragen. Darauf aufbauend wird ein Aufgabenformat konzipiert und erprobt, welches sich für die Testung eines möglichen Zusammenhangs zwischen der Daten-Art und den auftretenden Cognitive Biases beim Umgang mit diesen eignet. Dafür wird zunächst ein theoretischer Überblick über mögliche Cognitive Biases gegeben, die auf die Verarbeitung von Informationen im Allgemeinen und Daten im Speziellen Einfluss nehmen können. Basierend darauf wird die Konzeption der Aufgaben im biologischen Kontext „Veränderlichkeit von Ökosystemen" beschrieben, welche mit der Methode des Lauten- Denkens an Lehramtsstudierenden erprobt wurden.

Die Ergebnisse aus der Aufgabenerprobung werden mit Blick auf die Untersuchungsmethode und die Inhaltsvalidität der Aufgaben diskutiert. Einerseits lässt sich daraus ableiten, dass eine intensivere Betrachtung der Cognitive Biases mit Blick auf ein tieferes Verständnis der kognitiven Prozesse beim Umgang mit Daten interessant für die Lehr- und Lernforschung sein könnte. Andererseits sollten die angedeuteten Tendenzen eines Zusammenhangs zwischen Daten-Art und Cognitive Bias einen zukünftigen Untersuchungsgegenstand bilden, wobei es sinnvoll erscheint, die Untersuchungsmethode zu öffnen sowie gegebenenfalls zu erweitern.

2 Einleitung

„Menschen und andere Tiere greifen bei ihrer Entscheidungen in der Regel auf (...) Heuristiken zurück. Deshalb ist es bemerkenswert, dass ein Honigbienenschwarm sich nicht solcher Abkürzungen bedient, sondern sich vor der Auswahl (...) einen umfassenden, genauen Überblick (...) verschafft (Seeley, T. D., 2014, S. 117f.)."

Gut durchdachte Entscheidungen zu treffen bedarf der intensiven Auseinandersetzung mit allen verfügbaren Informationen, die diese betreffen können. Wie Seeley am Beispiel des Honigbienenschwarms zeigt, funktioniert dies bei einer rationalen, objektiven und zielgerichteten Verarbeitung dieser Informationen. Menschen hingegen neigen dazu intuitiv Informationen mit Hilfe von vereinfachten Urteilsstrategien, Heuristiken, zu verarbeiten. Dabei können aufgrund von subjektiven Erwartungen und Erfahrungen systematische Fehler, die als Cognitive Biases bezeichnet werden, auftreten. Dies gilt auch für die Verarbeitung von Daten als einer speziellen Form von Informationen (Kahneman & Tversky, 1974).

Daten spielen in einem modernen naturwissenschaftlichen Unterricht eine wichtige Rolle, da im Sinne der wissenschaftlichen Grundbildung Schüler_innen auf die Teilhabe und die Anforderungen der modernen Wissenschaft vorbereitet werden sollen (KMK, 2004). Neue Erkenntnisse basieren auf Daten, die mittels verschiedener Methoden gewonnen und interpretiert wurden, wobei im Idealfall von einer hohen Objektivität des/der Untersuchenden ausgegangen wird. Jedoch können sich hier ebenfalls Cognitive Biases zeigen, die während des Umgangs mit Daten auftreten und zur Bestätigung der eigenen Vorstellungen und vorgefassten Theorien führen. Diese Phänomene der Bestätigungstendenzen konnten sowohl bei renommierten Wissenschaftler_innen als auch bei Schüler_innen beobachtet werden (Jeng, 2006; Ehmer & Hammann, 2008).

In dieser Arbeit wird die Theorie der Cognitive Biases auf die bisher beschriebenen Defizite von Schüler_innen im Umgang mit Daten bezogen, um einen kognitionspsychologischen Erklärungsansatz für diese zu schaffen. Darauf aufbauend werden Zusammenhänge zwischen auftretenden Verzerrungen in unterschiedlichen Schritten des Datenverarbeitungsprozesses und der zu verarbeitenden Daten-Art in einem biologischen Kontext untersucht, wofür in dieser Arbeit zunächst ein entsprechendes Aufgabenformat entwickelt wird. Dieser kognitionspsychologische Erklärungsansatz ermöglicht gezielte Präventions- sowie Interventionsmaßnahmen für Bestätigungstendenzen, mit denen die Schüler_innen für einen sensibleren Umgang mit Daten mit Blick auf die Objektivität deren Generierung, Auswahl und Interpretation befähigt werden können.

3 Relevanz des Themas für die Schule

Daten spielen im naturwissenschaftlichen Unterricht dann eine wichtige Rolle, wenn es darum geht, Erkenntnisse durch naturwissenschaftliche Arbeitsweisen zu gewinnen. Schüler_innen generieren dabei unterschiedliche Arten von Daten durch Beobachtungen und Messungen, welche sie dann im Sinne ihrer eigenen Vorstellungen interpretieren. Im Idealfall wird ein Lernprozess induziert, bei dem eine Implementierung der neuen Erkenntnisse in die vorhandenen kognitiven Konstrukte erfolgt.

3.1 Die Bedeutung des Umgangs mit Daten im naturwissenschaftlichen Unterricht

Die Ausrichtung eines modernen naturwissenschaftlichen Unterrichts sollte im Sinne der *Naturwissenschaftlichen Grundbildung* (Scientific Literacy) erfolgen und hat damit den Auftrag Schüler_innen ein wissenschaftsnahes Bild von den Naturwissenschaften und deren Arbeitsweisen zu vermitteln (KMK, 2004). Ersteres spiegelt sich in der Lehre der *Natur der Naturwissenschaften* (Nature of Science) wider, welche unter anderem die Vermittlung der Grenzen und Charakteristika der Naturwissenschaften sowie deren Bedeutung für die Gesellschaft beinhaltet. Der Prozess der Wissensgenerierung wird durch die Lehre *wissenschaftlicher Erkenntnismethoden* (Scientific Inquiry) im naturwissenschaftlichen Unterricht implementiert (Mayer, 2007). Dieser Erkenntnisgewinnungsprozess unterteilt sich in die Schritte der hypothetisch-deduktiven Untersuchungsmethode (Gropengießer & Kattmann, 2008; veränd.):

1. Problemstellung
   a. Problemfindung, Formulierung von Hypothesen
2. Durchführung
   a. Bereitstellen von Materialien
   b. Aufbau der Anordnung zum Beobachten bzw. Experimentieren
   c. Durchführung der Beobachtung bzw. des Experiments
   d. Protokollieren der Beobachtungs- bzw. der Experiment-Ergebnisse
3. Auswertung
   a. Deutung der Ergebnisse
4. Schlussfolgerung
   a. Vergleichen der Deutung der Ergebnisse mit den Folgerungen aus den Hypothesen (Bestätigung oder Widerlegung)

Diese Kernkompetenzen des naturwissenschaftlichen Unterrichts liegen den Forderungen der Kultusministerkonferenz aus dem Jahr 2004 zugrunde. Sie wurden in Form der Bildungsstandards für den Mittleren Schulabschluss in den jeweiligen Fächern festgelegt und veröffentlicht (Kultusministerkonferenz (KMK), 2004). Die Förderung von Kompetenzen im Umgang mit Daten ist darin für alle naturwissenschaftlichen Fächer festgelegt, die Formulierung für das Fach Biologie lautet beispielsweise:

„[Die Schüler_innen] werten gewonnene Daten aus und interpretieren sie hinsichtlich der Hypothesen (KMK, 2004, S.10)."

Die Schüler_innen stellen demnach zunächst eine Hypothese zu einem Phänomen oder der Lösung eines Problems auf, welche auf ihrem Vorwissen und ihren Erfahrungen basiert. Diese meist alltagsnahen Theorien werden in der Lehr- und Lernforschung Schülervorstellungen oder Prävorstellungen genannt und zeichnen sich durch ihre hohe Individualität und Stabilität in den kognitiven Strukturen der Schüler_innen aus. Gleichzeitig bilden sie die Grundlage des Lernprozesses im Sinne des Konstruktivismus (Edelmann & Wittmann, 2012).

Neue Daten und Informationen zum Sachverhalt können die vorliegende Schülervorstellung bestätigen oder dieser widersprechen, sodass gegebenenfalls eine Anpassung dieser erfolgt. Dieser Vorgang der Änderung einer alltagsnahen Vorstellung zu einer wissenschaftsnahen wird in der Lehr- und Lernforschung mit Hilfe der *Conceptual Change-Theorie* nach Posner und Strike (1982, 1992) bzw. der *Didaktischen Rekonstruktion* nach Kattmann (2005) beschrieben (zit. nach Krüger, 2007)[1].

3.2 Der Forschungsstand zum Umgang mit Daten im naturwissenschaftlichen Unterricht

Die Fähigkeiten im Umgang mit Daten in Bezug auf eine Theorieänderung wurden in einer Studie von Chinn und Brewer (1998) untersucht. In ihrer Untersuchung an Studierenden der Universität von Illinois konnten sie zeigen, dass eine Theorieänderung mittels von der Alltagsvorstellung abweichender Daten kaum induziert wird. Vielmehr konnten sie eine Reihe von Reaktionen auf die vorliegenden Daten beobachten, die die Bestätigung der eigenen Vorstellung unterstützen (Tab. 1). Unterschieden werden die Kategorien hinsichtlich der drei Kriterien: *Daten werden als valide betrachtet, eine Erklärung dafür wird formuliert* und *eine Theorieänderung findet statt.*

---

[1] Im Folgenden wird der Begriff der Didaktische Rekonstruktion verwendet, da dadurch der Tätigkeitsaspekt der Lernenden stärker verdeutlicht wird, siehe Krüger (2007).

Tab. 1 Kategoriensystem der Reaktionen auf abweichende Daten nach Chinn und Brewer (1998; S. 646)

Reaktion auf abweichende Daten	Daten werden als valide betrachtet	Erklärung für die Daten wird gegeben	Theorieänderung findet statt
Ignoring	Nein	Nein	Nein
Rejection	Nein	Ja	Nein
Uncertainty	Unentschlossen	Nein	Nein
Exclusion	Ja oder Nein	Nein	Nein
Abeyance	Ja	Unentschlossen	Nein
Reinterpretation	Ja	Ja	Nein
Peripheral theory change	Ja	Ja	Ja, teilweise
Theory change	Ja	Ja	Ja, vollständig

Die Kategorien *Ignoring, Rejection* und *Exclusion* sprechen für einen Umgang mit den abweichenden Daten, bei dem diese als unglaubwürdig betrachtet werden und daraufhin an der eigenen Vorstellung festgehalten wird. Davon abgegrenzt steht die Kategorie *Uncertainty*, da bei dieser keine endgültige Entscheidung über die Validität der Daten getroffen wird. Eine Änderung der eigenen Vorstellung aufgrund der abweichenden Daten findet demnach auch bei dieser Reaktion nicht statt. Die Reaktionen der Kategorien *Abeyance* und *Reinterpretation* beschreiben dahingegen einen Umgang, bei dem die Daten zwar als valide betrachtet werden, jedoch ebenfalls keine Theorieänderung stattfindet. Eine Ausnahme stellt die Kategorie *Peripheral Theorie Change* dar, welche für eine graduelle Anpassung der Schülervorstellung an eine alternative, epistemologische Theorie durch die abweichenden Daten spricht.

Hammann, Hoi Phan, Ehmer und Bayrhuber, (2006) beschreiben ähnliche Ergebnisse anhand einer Untersuchung der Fähigkeiten von Schüler_innen im Umgang mit abweichenden Daten in einem biologischen Kontext. Dabei wurden unter anderem Defizite im Umgang mit Daten deutlich, die sich auf den Ebenen der Datengenerierung (Durchführung); Datenbewertung (Auswertung) und Dateninterpretation (Schlussfolgerung) zeigen. Eine wesentliche Ursache scheint der Versuch der Lernenden zu sein, bei der Datenanalyse, die aufgestellte Eingangshypothese mit Hilfe der experimentellen Daten zu bestätigen, selbst wenn die Daten eine Abänderung oder Verwerfung der Hypothese verlangen würden (Hammann et al., 2006). Sie sprechen in diesem Zusammenhang von einem *Confirmation-Bias* (Bestätigungs-Bias), einer Strategie zum Erhalt und der Bestätigung der individuellen Vorstellung über einen theoretischen Sachverhalt (Ehmer & Hammann, 2008). In einer ergänzenden Studie untersuchten Ehmer und Hammann (2008), ob ein Zusammenhang zwischen den Vorstellungen zum Experimentierprozess und dem Umgang mit abweichenden Daten besteht. Ziel der Untersuchung war herauszufinden, inwieweit der Confirmation-Bias seinen Ursprung in den Prävorstellungen der

Schüler_innen über die naturwissenschaftliche Methode des Experimentierens haben könnte (Ehmer & Hammann, 2008). Die Ergebnisse der Studie von Ehmer und Hammann lassen den Schluss auf einen direkten Zusammenhang nicht zu, jedoch sollte das Vorwissen zum Experimentierprozess als zusätzlicher Faktor für die Analyse des verzerrten Umgangs mit abweichenden Daten mit einbezogen werden (Ehmer & Hammann, 2008).

Die Studien von Lin (2007) und Mason (2001) bauen ebenfalls auf dem achtstufigen Kategoriensystem über den Umgang mit abweichenden Daten von Chinn und Brewer (1998) auf. Einerseits konnten die acht beschriebenen Reaktionen bei Schüler_innen der achten Klassenstufe, die sich mit Daten und Theorien zu den kontroversen Themen des Aussterbens der Dinosaurier und des Baus der großen, ägyptischen Pyramiden beschäftigten, beobachtet werden (Mason, 2001). Andererseits zeigten auch Lehramtsstudierende der Natur-, Sozial- und Sprachwissenschaften diese Reaktionen auf abweichende Daten in einem Experimentierkurs mit chemischen Versuchen zu Elektrochemie, Schmelzpunkt und einfacher Destillation (Lin, 2007).

Bisher erfolgt die Beschreibung der Reaktionen auf die von der eigenen Vorstellung abweichenden Daten rein phänomenologisch, wobei die fachdidaktische Forschung gleichzeitig die Förderung der Theorieänderung, also eines kognitiven Prozesses, bezweckt. Aus diesem Grund erscheint es sinnvoll, den Umgang mit Daten zunächst von einer kognitionspsychologischen Ebene zu betrachten und darin mögliche Ursachen für die beobachteten Bestätigungstendenzen zu finden. Davon ausgehend können dann Interventionen zur Förderung des Umgangs mit Daten, die an den entsprechenden kognitiven Prozessen ansetzen, evaluiert und konzipiert werden. Einen geeigneten Ansatz, welcher ebenfalls innerhalb der Lernpsychologie vertreten wird, stellt der Informationsverarbeitungsprozess dar, wobei Daten als eine Art von Information angesehen werden können (Edelmann & Wittmann, 2012). Dieser kognitive Prozess zur Implementierung neuer Informationen in bereits bestehende Konstrukte kann vielfältigen systematischen Verzerrungen unterliegen, welche als *Cognitive Biases* bezeichnet werden und häufig mit Bestätigungstendenzen einhergehen.

Darüber hinaus bleibt bisher ungeklärt, ob und in welcher Weise die Art der Daten sowie deren Repräsentationsform einen Einfluss auf das Auftreten von Bestätigungstendenzen haben können. Die Existenz eines solchen Zusammenhangs vermuten Caverni, Fabre und Gonzalez (1990) aufgrund der Beobachtung unterschiedlicher Bestätigungstendenzen, die je nach Charakteristik der gegebenen Aufgabe auftreten. Außerdem wurde das Auftreten von Bestätigungstendenzen auf abweichende Daten von Lin (2007) sowohl beim Umgang mit quantitativen als auch mit qualitativen Daten beobachtet, wobei jedoch wiederum eine differenzierte Betrachtung je nach Art der Bestätigung ausblieb. Chinn und Brewer (1998) formulieren dieses Desiderat in ihrer Ergebnisdiskussion wie folgt:

"One set of questions concerns features of data that influence why people respond to a particular piece of data as they do. [...], it is important to understand what kinds of data promote theory change and what kinds will be discounted (Chinn & Brewer, 1998; S. 647f.)."

4 Forschungsfragen und Ziel der Arbeit

Aus den bisherigen Forschungsergebnissen zum Umgang mit Daten im Kontext des naturwissenschaftlichen Unterrichts (Chinn & Brewer, 1998; Hammann, 2008; Hammann et al., 2006; Lin, 2007; Mason, 2001) lassen sich zwei Desiderata ableiten, auf die im Rahmen dieser Arbeit fokussiert werden soll.

Einerseits besteht ein Forschungsbedarf darin, die von Chinn und Brewer (1998) und Hammann et al. (2006; 2008) beschriebenen Reaktionen von Schüler_innen im Umgang mit Daten auf eine kognitionspsychologische Erklärungsebene zu bringen. In diesem Zusammenhang wurden bereits Urteilsstrategien und dadurch ausgelöste kognitive Verzerrungen als mögliche Ursachen benannt, wobei eine differenzierte Betrachtung im Sinne der theoretischen Grundlagen zu Heuristiken und Cognitive Biases bisher kaum vorliegt (vgl. 2.2.). Wird jedoch die Förderung der Kompetenzen im Umgang mit Daten angestrebt, so erscheint es sinnvoll, die tief verankerten Prozesse zu verstehen, die hinter den dabei auftretenden Problemen stecken könnten. Dieser Ansatz entspricht auch dem Forschungsanliegen von Caverni et al. (1990) und Pohl (2004), die davon ausgehen, dass mit Hilfe einer intensiveren Erforschung von Cognitive Biases Wege zur Förderung von Lernprozesse auf der kognitiven Ebene eröffnet werden könnten. Daraus ergibt sich die *erste Forschungsfrage*, der auf deduktive Weise in dieser Arbeit nachgegangen werden soll:

Inwiefern bietet die Theorie der Cognitive Biases einen kognitionspsychologischen Erklärungsansatz für die Reaktionen von Schüler_innen auf von ihren Prävorstellungen abweichende Daten und die dadurch entstehenden Defizite im Umgang mit diesen Daten?

Ziel ist es, eine theoretische Grundlage zu schaffen, mit deren Hilfe die beschriebenen Forschungsergebnisse in kognitive Modelle eingeordnet und neue Forschungsarbeiten in diesem Bereich bereits verortet werden können.

Eine entsprechende weiterführende Forschungsfrage wäre die nach einem möglicherweise existenten Zusammenhang zwischen den auftretenden Cognitive Biases im Umgang mit Daten und der vorgegebenen Daten-Art. Damit ein solcher Zusammenhang untersucht werden kann, müssen entsprechende Testinstrumente entwickelt und erprobt werden. Das zweite Anliegen der Arbeit ist somit, ein spezielles Aufgabenformat im biologischen Kontext zu konzipieren und zu testen, welches die zu untersuchenden Konstrukte Daten-Art und Cognitive Bias für die Testung eines möglichen Zusammenhangs zwischen ihnen in geeigneter Weise abbildet. Die *zweite Forschungsfrage*, die im Rahmen der Arbeit beantwortet werden soll, lautet demnach:

Eignet sich das eigens dafür entwickelte Aufgabenformat zur Testung eines möglichen Zusammenhangs zwischen der Daten-Art und dem Auftreten eines bestimmten Cognitive Bias im Umgang mit den entsprechenden Daten?

Zur Beantwortung der beiden Fragen wird im Folgenden die Theorie der Heuristiken und Cognitive Biases, basierend auf Studien und Grundlagenliteratur des Forschungsgebietes innerhalb der Kognitionspsychologie, dargelegt. Im Anschluss werden diese auf die Prozesse beim Umgang mit Daten übertragen.

5 Theoretische Grundlagen der Informationsverarbeitung

Schüler_innen zeigen im Umgang mit Daten Defizite, die meist zur Bestätigung ihrer eigenen Vorstellungen zum Sachverhalt führen. Die Studie von Chinn und Brewer (1998) bildet innerhalb der fachdidaktischen Forschung eine Grundlage zur Kategorisierung von Reaktionen auf von den eigenen Vorstellungen abweichende Daten. Um diese Reaktionen besser verstehen zu können, ist es zunächst relevant, den kognitiven Mechanismus des Informationsverarbeitungsprozesses zu erläutern sowie Ursachen für dabei auftretende kognitive Verzerrungen (Cognitive Biases) aufzuzeigen.

5.1 Der Informationsverarbeitungsprozess im Licht des moderaten Konstruktivismus

Menschen nehmen ständig neue Informationen mit Hilfe ihrer Sinne auf, unabhängig davon, ob es sich dabei um visuelle, auditive, haptische oder olfaktorische Reize handelt. Informationen werden also zunächst wahrgenommen, woraufhin die Reize neuronale Erregungen auslösen, welche anschließend im Gehirn verarbeitet werden. Die Erregungen selbst sind inhaltsneutral und werden im Gehirn mit vorhandenen Erfahrungen sowie Vorwissen verglichen und kombiniert, erst dadurch werden Bedeutungen die Reize betreffend erzeugt (Riemeier, 2007). Es erfolgt ein Einbau der neuen Erkenntnisse in die vorhandenen kognitiven Konstrukte, sodass diese immer detaillierter konstruiert werden und das Wissen über den bestreffenden Sachverhalt erweitert werden kann (Edelmann & Wittmann, 2012). Abbildung 1 verdeutlicht dieses einfache Modell des Informationsverarbeitungsprozesses.

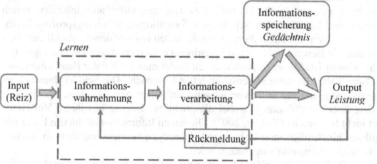

Abb. 1 Modell des menschlichen Informationsverarbeitungsprozesses (vgl. Edelmann & Wittmann, 2012; Hogarth, 1987)

Diese Vorstellung vom Lernen entspricht der moderaten konstruktivistischen Lerntheorie, welche sich in den letzten Jahren innerhalb der Lehr- und Lernforschung durchsetzte. Essentiell für diesen Ansatz ist die Konzentration auf den Lernenden und dessen Lernprozess, welcher konstruktiv individuell, selbstdeterminiert, sozial und situiert stattfindet (Riemeier, 2007). Der Lernprozess kann somit nicht direkt von außen gesteuert, sondern höchstens mittels lernförderlicher Bedingungen angeregt werden.

In der Lehr- und Lernforschung nimmt aus diesem Grund die Identifizierung von Prävorstellungen, also den Vorstellungen über bestimmte Sachverhalte, welche die Schüler_innen vor der unterrichtlichen Intervention bereits besitzen, sowie die Konzeption förderliche Unterrichtsbedingungen zur Änderung dieser einen hohen Stellenwert ein. Kattmann (2003) sieht in der Kenntnis über diese Prävorstellungen die Möglichkeit der gezielten Anknüpfung im Lernprozess und die Förderung epistemologischer Vorstellungen (zit. nach Riemeier, 2007). Der Ansatz der Didaktischen Rekonstruktion bietet dafür ein Modell, welches das Zusammenbringen von Lernenden und den wissenschaftlichen Themen sowie eine nahe Anbindung der fachdidaktischen Forschung an die praktische Vermittlung der Inhalte im Unterricht ermöglicht (Gropengiesser & Kattmann, 2008). Damit eine Rekonstruktion der Prävorstellungen stattfinden kann, sollten nach Posner und Strike (1982; 1992) die vier Bedingungen *Unzufriedenheit mit der Prävorstellung*, *Verständlichkeit der neuen Vorstellung*, *Plausibilität der neuen Vorstellung* und *Fruchtbarkeit der neuen Vorstellung* erfüllt sein (zit. nach Krüger, 2007). Ersteres kann mit Hilfe eines *kognitiven Konflikts* erzeugt werden, bei dem die bisherige Vorstellung zur Erklärung des präsentierten Phänomens nicht ausreicht, sodass alternative Theorien in Betracht gezogen werden müssen. In der Praxis scheint die Erzeugung eines solchen Konflikts jedoch nicht so einfach zu sein, was sich zum Beispiel anhand der Ergebnisse der Studie von Chinn und Brewer (1998) zeigt. Ein wirkungsvoller kognitiver Konflikt zeichnet sich dadurch aus, dass er die bisherigen Theorien in ihrer Gültigkeit erschüttert, sodass eine graduelle Anpassung der Prävorstellung induziert werden kann. Dabei gilt es zu beachten, dass auch diese Prozesse sehr individuell bei den Schüler_innen stattfinden (Krüger, 2007).

Prävorstellungen zeigen somit eine hohe Resistenz gegenüber abweichenden, neuen Informationen und können jeden Schritt im Informationsverarbeitungsprozess beeinflussen. Dies geschieht vor allem dann, wenn die neuen Informationen schnell verarbeitet werden und die Bewertung dieser in Situationen erfolgt, in denen die „richtige" Lösung nicht bekannt ist. Derartige Bedingungen findet man oft bei der Bearbeitung von Problemlöseaufgaben im naturwissenschaftlichen Unterricht. Die Schüler_innen generieren selbstständig und mit Hilfe von wissenschaftlichen Arbeitsweisen, für sie neue Erkenntnisse über ein Phänomen, wobei die „richtige" Lösung aus ihrem Vorwissen heraus oft nicht bekannt ist (Krüger, 2007). Die neuen Informationen, hier in Form von Daten, müssen hinsichtlich ihrer bisherigen Erfahrungen beurteilt und dann in das vorhandene kognitive Konstrukt eingebaut werden.

Unter diesen Bedingungen greifen Menschen oft auf *Kognitive Heuristiken* (Cognitive Heuristics) zurück, also Bewertungsstrategien, die aufgrund von Erfahrungswerten eingesetzt werden und zu einer schnellen, effektiven Lösung führen können. In einigen

Fällen können diese stattdessen zu systematischen Fehlern führen, den bereits im Zusammenhang mit Bestätigungstendenzen erwähnten Cognitive Biases (Kahneman & Tversky, 1974).

Im Folgenden werden die kognitiven Phänomene der Heuristiken und Biases näher beleuchtet und deren möglicher Zusammenhang mit den Defiziten im Umgang mit Daten dargelegt.

5.2 Heuristiken und Cognitive Biases

Unter kognitiven Heuristiken versteht man Entscheidungs- und Urteilsstrategien, die auf eine schnelle und effektive Lösung eines Problems abzielen. Sie ermöglichen eine neue, unbekannte Situation ohne intensive, rationale Verarbeitungsprozesse zu erfassen, einzuordnen und gezielt zu beurteilen (Ajzen, 1996). Einfache Heuristiken stellen somit eine Art von Faustregeln bei Entscheidungen dar (Hutchinson, John M. C. & Gigerenzer, 2005). Ein bekanntes Beispiel für eine solche Heuristik ist das *Try-and-Error-Prinzip* (Versuch und Irrtum), mit dessen Hilfe aus verschiedenen Lösungsmöglichkeiten für ein Problem durch einfaches Ausprobieren und Ausschließen die richtige gefunden wird.

In anderen Fällen können aus diesen einfachen Urteilsstrategien systematische Fehler entstehen, die zu Fehleinschätzungen und einer verzerrter Wahrnehmung der Informationen führen. Jede Heuristik kann somit Cognitive Biases erzeugen, die den Informationsverarbeitungsprozess auf eine verzerrte Weise, durch zu viel oder zu wenig Aufmerksamkeit einen Aspekt betreffend, beeinflussen können (Baron, Beattie & Hershey, 1988). Bisher konnten so zahlreiche Phänomene beschrieben und als kognitive Heuristik oder Cognitive Bias identifiziert werden, wobei jedoch einheitliche Definitionen dieser und eine Gesamtsystematik bisher ausblieben, wie Caverni et al. (1990) treffend beschreiben.

"It does not appear possible today to group all of the phenomena that have been qualified as cognitive biases under one and the same definition (Caverni, Fabre & Gonzalez, 1990, S. 7)."

Ein möglicher Ansatz definiert Cognitive Biases als systematische Fehler bei intuitiven Beurteilungen und Entscheidungen, wobei die beobachtete Abweichung von der Norm möglichst häufig auftreten sollte (Ajzen, 1996; Caverni et al., 1990). Hell, Fiedler und Gigerenzer (1993) sowie Pohl (2004) benutzen alternativ die Bezeichnung *kognitive Täuschungen* (Cognitive Illusions), in Anlehnung an das Phänomen der optischen Täuschungen. Sie verstehen darunter Täuschungen des Denkens, Urteilens und Erinnerns, Täuschungen der Wahrnehmung werden dahingegen explizit ausgeklammert (Hell et al., 1993). Aufbauend darauf wurden im Zuge der Forschungsarbeiten in den letzten Jahren verschiedene Systematiken der kognitiven Heuristiken und Biases aufgestellt. Diese unterscheiden sich im Hinblick auf die zugrunde liegenden Definitionen der Phänomene sowie deren Einordnung in kognitive Prozesse. Die populärsten Kategorisierungsmodelle werden im Folgenden vorgestellt und wesentliche Aspekte in einem, auf die Prozesse im Umgang mit Daten ausgerichteten, Modell zusammengefasst.

5.2.1 Kategorisierungsmodell von Kahneman und Tversky

Eine der meist zitierten Arbeiten zum Thema Heuristics und Biases ist jene von Kahneman und Tversky aus dem Jahr 1974 (Ajzen, 1996). Unter dem Titel Judgement under Uncertainty: Heuristics and Biases veröffentlichten sie in der Science ihre Erkenntnisse zu Urteilsstrategien, welche die Beschreibung und Systematisierung von Phänomenen beinhaltet, die bei der Beurteilung von unsicheren Ereignissen und den Schätzungen von Wahrscheinlichkeiten auftreten können. Die Grundannahme von Kahneman und Tversky (1974) ist, dass viele Entscheidungen auf individuellen Überzeugungen beruhen, mit denen die Wahrscheinlichkeiten von unsicheren Ereignissen und unbestimmten Größen abgeschätzt werden. Dabei nutzen Menschen bestimmte heuristische Urteilsoperationen, die eine schnelle und effektive Lösung ermöglichen.

5.2.1.1 Kognitionspsychologischer Erklärungsansatz und Systematisierung

Auf der kognitiven Ebene werden dafür zwei verschiedene Denksysteme beansprucht, welche bei Entscheidungsprozessen miteinander wechselwirken (Abb.2). Kahneman (2014) benennt diese als System 1 und System 2.

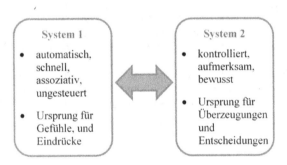

Abb. 2 Die zwei kognitiven Systeme bei Denkprozessen (Kahneman, 2014)

System 1 entspricht einer schnellen, intuitiven und assoziativen Denkweise, die für die Entstehung von Emotionen und Eindrücken verantwortlich ist. Dahingegen erfolgt das Denken mittels System 2 gesteuert und aufmerksam, sodass bewusste Entscheidungen, Überzeugungen und Handlungen initiiert werden können. Diese mentalen Aktivitäten des Systems 2 werden dabei von den unwillkürlichen Operationen des Systems 1 beeinflusst, sodass innerhalb eines Entscheidungsprozesses beide Systeme involviert sind (Kahneman, 2014).

Kahneman und Tversky (1974) beziehen sich in ihren Forschungsarbeiten vorrangig auf die drei Urteilsheuristiken *Repräsentativität, Verfügbarkeit* und *Anpassung und Verankerung*. Ergänzt werden diese um die dazugehörigen Biases, welche bei der Beurteilung auftreten und diese verfälschen können (Abb. 3). Diese können jeweils den beiden kognitiven Systemen zugeordnet werden, sodass einige Heuristiken, wie die Verfügbarkeit, eher auf assoziative Prozesse des Systems 1 und andere, wie die Anpassungsheuristik, auf das gesteuerte Denken des Systems 2 zurückzuführen sind.

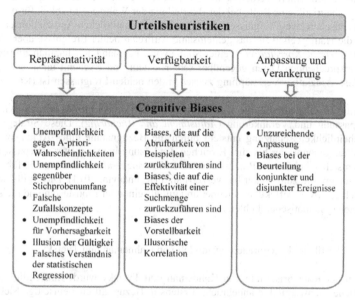

Abb. 3 Kategorisierungsmodell nach Kahneman und Tversky (1974)

Die Repräsentativitätsheuristik (*Representativeness*) beschreibt eine Urteilsstrategie, bei der die Wahrscheinlichkeit für ein Ereignis A nach dem Ausmaß beurteilt wird, in dem es einem anderen Ereignis B ähnelt. Werden dabei andere Faktoren die die Wahrscheinlichkeit ebenfalls beeinflussen können nicht beachtet, führt die Beurteilung nach Ähnlichkeit bzw. Repräsentativität zu systematischen Fehlern, also entsprechenden Biases (Kahneman, 2014). Darunter zählt unter anderem die Tendenz, Wahrscheinlichkeiten unabhängig von der Größe der Stichprobe zu beurteilen (*Unempfindlichkeit gegenüber dem Stichprobenumfang*), sodass die Aussagekraft kleiner Stichproben und deren Replizierbarkeit für die Gültigkeitsüberprüfung einer Hypothese überschätzt werden. Dieses Phänomen zeigt sich sowohl bei Laien, als auch bei erfahrenen Forschern (Kahneman, 2014).

Bei der zweiten Urteilsheuristik, der Verfügbarkeit (*Availability*), handelt es sich um die Beurteilung von Wahrscheinlichkeiten und Häufigkeiten, je nachdem wie schnell und einfach Beispielfälle für die jeweiligen Ereignisse abgerufen werden können. Damit bietet die Verfügbarkeit in vielen Fällen einen guten Anhaltspunkt für die Einschätzung von Wahrscheinlichkeiten, kann aber wiederrum zu Biases führen, wenn andere beeinflussende Faktoren außer Acht gelassen werden (Kahneman, 2014). Wahrscheinlichkeiten für Ereignisse werden demnach falsch eingeschätzt, wenn Beispielfälle nicht leicht abrufbar sind, wenig Salienz (Auffälligkeit) aufweisen, zeitlich weniger präsent sind oder schwer konstruiert werden können (Kahneman, 2014). Außerdem spielt die Verfügbarkeitsheuristik eine Rolle bei der Beurteilung der Wahrscheinlichkeit für die Korrelation zwischen zwei Ereignissen. Bei sogenannten „natürlichen Assoziationspaaren" werden die Häufigkeiten für das gemeinsame Auftreten beider Ereignisse überschätzt. Diese *Illusorische Korrelation* ist einer Studie von Chapman und Chapman zufolge sogar widersprechenden Daten gegenüber sehr resistent und erscheint umso stärker, je stärker die assoziative Verknüpfung zwischen den beiden Ereignissen ist (Kahneman, 2014).

Die dritte Urteilsheuristik, die von Kahneman und Tversky (1974) benannt wird, ist die Anpassung und Verankerung (*Adjustment and Anchoring*). Diese Strategie der Wahrscheinlichkeitsschätzung entsteht durch die Bezugnahme eines Anfangswertes, auch Anker genannt, der bis zum Erreichen der Lösung immer weiter angepasst wird. Biases entstehen bei diesem Prozess durch die *Unzureichende Anpassung* und führen zu Beurteilungen, die zum Anker hin verzerrt sind (Kahneman, 2014). Dieses Phänomen wird auch als „Ankereffekt" bezeichnet und gilt als einer der robustesten und meist beobachteten systematischen Fehler.

5.2.1.2 Kritik am Kategorisierungsmodell von Kahneman und Tversky

Kritik an der Kategorisierung von Kahneman und Tversky wurde hinsichtlich dreier wesentlicher Schwerpunkte angebracht. Erstens in Bezug auf eine einseitige Sicht auf die Phänomene (*one-sided view*), zweitens im Hinblick auf eine scheinbare Künstlichkeit der als Heuristik und Bias definierten Phänomene (*artificiality*) und drittens aufgrund eines Mangels an Erklärungskraft (*Lack of explanatory power*). Gigerenzer et al. (1991) kritisieren vor allem die Hervorhebung der Biases und die damit verbundenen systematischen Fehler. Ihrer Meinung nach führen schnelle und einfache Heuristiken meist zu optimalen Entscheidungen, die je nach Situation angepasst werden können. Das Auftreten von Biases ist hingegen die Ausnahme von der Regel, sodass der Fokus der Forschung nicht ausschließlich darauf gelegt werden sollte (Pohl, 2004). Des Weiteren bringen die Ergebnisse der meisten Studien keine Erkenntnisse über Erklärungsansätze der Phänomene, sondern sind vielmehr Zeugnisse für die Wiederholbarkeit dieser (Pohl, 2004). Als Reaktion auf die Kernargumente der Debatte kann der Einbezug des Zwei-System-Modells in die Kategorisierung von Kahneman und Tversky, als kognitionspsychologischer Erklärungsansatz gesehen werden.

5.2.1.3 Schlussfolgerung für die eigene Fragestellung

Das Kategorisierungssystem der Urteilsheuristiken und deren Biases von Kahneman und Tversky (1974) stellt eine detaillierte Übersicht von Phänomenen dar, die im Bereich der intuitiven Abschätzung von Wahrscheinlichkeiten eine große Rolle zu spielen scheinen.

Bezieht man ihre Erkenntnisse auf den kognitiven Prozess beim Umgang mit Daten, erscheint es sinnvoll, vor allem Biases der Urteilsheuristiken einzubeziehen, die durch das kognitive System 2 gesteuert werden. Die Auseinandersetzung mit Daten erfolgt vorrangig über bewusste und kontrollierte Denkprozesse. Dabei werden diese im Hinblick auf die eigenen Vorstellungen und Überzeugungen beurteilt und deren Auftrittswahrscheinlichkeit bzw. die Wahrscheinlichkeit ihrer Gültigkeit (Validität) abgeschätzt.

5.2.2 Kategorisierungsmodell von Hogarth

In dem Sammelband *Judgement and Choice* gibt Hogarth (1987) einen Überblick über die bis dahin bekannten menschlichen Urteilsfehlbarkeiten (human judgemental fallibilities). In einem zusammenfassenden Artikel ordnet Hogarth diese Biases in ein Modell des menschlichen Informationsverarbeitungsprozesses ein und erweitert dadurch die Kategorisierung von Kahneman und Tversky (Kapitel 4.2.1.).

5.2.2.1 Kognitionspsychologischer Erklärungsansatz und Systematisierung

Das *Konzeptmodell der Beurteilung und Entscheidung* von Hogarth (1987) beschreibt zunächst die Wechselwirkung zwischen den drei Komponenten *Person, Aufgabenumgebung* und *Aktion*.

Im Zentrum steht eine Beurteilungsaufgabe, für die die Person innerhalb der vorliegenden Aufgabenumgebung das Urteil über bzw. die notwendige Entscheidung für eine entsprechende Aktion zur Lösung der Aufgabe treffen muss. Die Beurteilung tritt demnach innerhalb einer bestimmten Aufgabenumgebung auf, welche neben äußeren Charakteristika auch das *Schema* der Person umfasst. Dieses Schema stellt die persönlichen Überzeugungen in Bezug auf die Aufgabenumgebung dar und führt zur individuellen Wahrnehmung der gegebenen Beurteilungsaufgabe (Hogarth, 1987). Es entsteht und entwickelt sich durch Lernprozesse, die von der Beobachtung gemeinsam auftretender Ereignisse induziert werden. Werden dem widersprechende Ereignisse nicht beobachtet und erfolgt keine entsprechende Rückmeldung über die Möglichkeit des Auftretens solcher, können Informationen die von der Realität abweichen in das persönliche Schema eingebaut werden (Hogarth, 1987).

Für eine detailliertere Betrachtung dieses Prozesses werden zusätzlich die Schritte der menschlichen Informationsverarbeitung einbezogen, da dieser kognitive Prozess die Grundlage für Beurteilungs- und Entscheidungsprozesse bildet (Abb. 4).

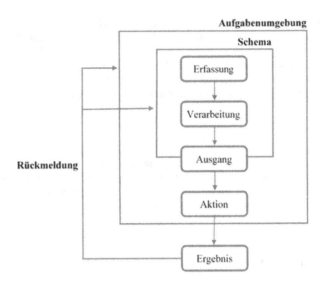

Abb. 4 Konzeptmodell der Beurteilung und Entscheidung nach Hogarth (1987)

Im ersten Schritt werden die Informationen erfasst, welche sich zum einen aus der gegebenen Aufgabenumgebung und zum anderen aus deren Wahrnehmung durch das persönliche Schema zusammensetzen. Im Folgenden werden diese Informationen verarbeitet und ein bestimmter *Ausgang* (Output) erzeugt. Dieser kann sowohl intern als auch extern erfolgen, sodass er von der induzierten nachfolgenden Aktion meist nicht zu unterscheiden ist. Im Konzeptmodell von Hogarth (1987) wird dies derart verdeutlicht, dass der Ausgang zwischen dem persönlichen Schema (intern) und der von außen wahrnehmbaren Aufgabenumgebung angesiedelt ist, während die Aktion eindeutig der Aufgabenumgebung zugeordnet werden kann. Letztere führt zu einem Ergebnis zur Lösung der Beurteilungsaufgabe, welches über die Rückmeldung wieder in das persönliche Schema integriert werden kann. Darüber hinaus kann das erzeugte Ergebnis auch Einfluss auf die Aufgabenumgebung als solche nehmen, indem die getroffene Beurteilung oder Entscheidung sowie die daraus resultierte Aktion zur Veränderung der vorliegenden Umgebung führen kann (Hogarth, 1987).

Innerhalb dieses Informationsverarbeitungsprozesses können Heuristiken die Lösung der Beurteilungsaufgaben effektiv erleichtern. Dabei können aber auch systematische Fehler auftreten, welche als Kompromisse zwischen Effektivität und Präzision betrachtet werden können (Hogarth, 1987). Ursächlich hierfür ist entsprechend des Modells vor allem die limitierte menschliche Informationsverarbeitungskapazität. Diese führt erstens zur selektiven Wahrnehmung von Informationen, zweitens zur sequentiellen statt simul-

28

tanen Informationsverarbeitung, drittens zu einer limitierten „Rechenfähigkeit" und damit der Notwendigkeit von vereinfachten Entscheidungsprozessen und viertens zu einem limitierten Gedächtnis (Hogarth, 1987). Die Folge sind Biases, welche nunmehr in jedem Schritt des Informationsverarbeitungsprozesses auftreten und diesen somit zugeordnet werden können. Die Kategorisierung dieser Biases nimmt Hogarth (1987) mit Hilfe von vier Schlüsselfragen vor (Abb. 5).

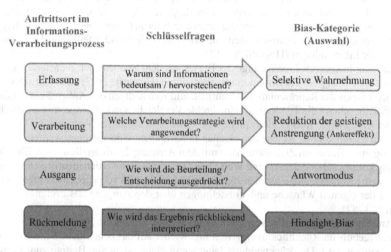

Abb. 5 Kategorisierung der Cognitive Biases im Informationsverarbeitungsprozess nach Hogarth (1987)

Die Zuordnung der Cognitive Biases bei der Informationserfassung erfordert eine Betrachtung der Hintergründe für die explizite Wahrnehmung von Informationen. Die Schlüsselfrage ist hier, wann und weshalb Informationen für Menschen bedeutsam und hervorstechend erscheinen (Hogarth, 1987). Dabei kann die Informationserfassung einerseits durch das Gedächtnis erfolgen. Hier spielt wiederum Verfügbarkeitsheuristik eine entscheidende Rolle, welche bereits von Kahneman und Tversky (1974) beschrieben wurde. Demnach können vergangene Ereignisse, die zur Lösungder Beurteilungsaufgabe herangezogen werden, verzerrt erinnert werden. Die mit Hilfe des Gedächtnisses erfassten Informationen werden somit bereits fehlerhaft wahrgenommen (Hogarth, 1987).

Andererseits treten Cognitive Biases bei der Erfassung von Informationen, welche durch die Wechselwirkung zwischen Aufgabenumgebung und Gedächtnis erzeugt werden, auf. Ursache hierfür ist die Tendenz, dass die eigenen Erwartungen die Wahrnehmung der Informationen sowie die Informationssuche beeinflussen können. Diese führt dazu, dass gezielt Informationen ausgewählt werden, die die Erwartungen bestätigen und Informationen, die widersprüchlich zur eigenen Hypothese sind als weniger wichtig betrachtet oder ignoriert werden (Hogarth, 1987). Hogarth fasst diese Erscheinungen

29

unter dem Begriff der *Selektiven Wahrnehmung* zusammen.

Betrachtet man Biases während der Informationsverarbeitung, so stellt sich die Schlüsselfrage nach der Wahl und Effektivität der angewendeten Verarbeitungsstrategie. Wie schon bei der Informationserfassung spielen auch bei der Verarbeitung sowohl das Gedächtnis, als auch die Charakteristik der Aufgabenumgebung eine Rolle. Zum Beispiel können Heuristiken, die bei vergangenen Beurteilungsaufgaben gut funktioniert haben, erneut angewendet werden, obwohl diese Strategien für die aktuelle Aufgabe eigentlich nicht zielführend sind. *Charakteristika der Aufgabenumgebung*, die zu systematischen Fehlern führen können, umfassen die gegebene Informationsmenge, Zeitdruck, Repräsentationsformen der Informationen und widersprüchliche oder fehlende Werte innerhalb der Informationen (Hogarth, S. 212).

Darüber hinaus resultieren einige der Biases aus dem Streben nach *reduzierter, geistiger Anstrengung* bei der Informationsverarbeitung. Hogarth (1987) zählt hierunter zum einen Effekte der Repräsentativitätsheuristik und zum anderen den Ankereffekt. Ursächlich dafür scheint die Tendenz zu sein, direkte Vergleiche sowie Kompromisse zwischen unterschiedlichen Informationsquellen zu vermeiden, da dieses Vorgehen zu Erkenntnissen führen könnte, welche den eigenen Erwartungen widersprechen würden.

Cognitive Biases im Zusammenhang mit dem Ausgang der Beurteilung oder Entscheidung können anhand der Art und Weise, wie diese geäußert werden identifiziert werden. Verzerrte *Antwortmodi* entstehen zum Beispiel in Folge des vorgegebenen Frageformats oder der eigenen Wünsche und Vorstellungen über den Ausgang des Ereignisses (Hogarth, 1987).

Am Ende des Informationsverarbeitungsprozesses erfolgt die Rückmeldung, bei der das Ergebnis im Rückblick interpretiert und wieder auf das persönliche Schema Bezug genommen wird. Die Rückmeldung leitet somit einen wichtigen Beitrag zum Lernen, da an dieser Stelle neue Erkenntnisse in bestehende Vorstellungen integriert werden können. Bietet die Aufgabenumgebung keine Möglichkeit für eine Rückmeldung zur getroffenen Beurteilung oder Entscheidung, können Lernprozesse nur schwer oder nicht stattfinden (Hogarth, 1987). Cognitive Biases während der Rückmeldung können einerseits aufgrund von Schwierigkeiten bei der Unterscheidung zwischen Ursache und Zufall entstehen und so zu einer fehlerhaften kausalen Attribution der Ergebnisse in Bezug auf die Lösung der Beurteilungsaufgabe führen. Zum Beispiel kann das Auftreten mehrerer erfolgreicher Lösungen einer Aufgabenart hintereinander, eine Zuschreibung auf die scheinbare Kontrolle über das Ergebnis anstatt auf zufällige Ursachen hervorrufen (*illusion of control*). Andererseits verursachen verzerrte Erinnerungen systematische Fehler bei der Rückmeldung des Ergebnisses. So kann die Kenntnis über das Ergebnis die Erinnerung an die vorher getroffene Beurteilung in der Weise verändern, dass das Ergebnis im Nachhinein als vorhersehbar bewertet wird. Dieses Phänomen ist als „Ich-wusste-es-vorher"-Effekt (*I-knew-it-all-along-effect*) bzw. *Hindsight- Bias* bekannt (Hogarth, 1987).

5.2.2.2 Schlussfolgerung für die eigene Fragestellung

Hogarth's Ansatz, den menschlichen Informationsverarbeitungsprozess näher zu betrachten, um Schlüsse über die kognitiven Schritte während einer Beurteilungsaufgabe zu ziehen, erscheint sehr sinnvoll und entspricht ebenfalls lernpsychologischen Ansätzen (Edelmann & Wittmann, 2012). Das von ihm beschriebene persönliche Schema, welches aus Erfahrungen und Beobachtungen entsteht und so entscheidungsbeeinflussende, individuelle Vorstellungen erzeugt, entspricht beispielsweise der Beschreibung der kognitiven Modelle im moderaten Konstruktivismus (vgl. 4.1.).

Bezieht man die von ihm beschriebenen Phänomene auf Beobachtungen von Defiziten bei der Beurteilung von Daten im Hinblick auf die eigenen Vorstellungen und Hypothesen, kristallisieren sich Ähnlichkeiten für jeden der Schritte des Informationsverarbeitungsprozesses heraus. Dabei scheinen vor allem solche eine Rolle zu spielen, die mit der Bestätigung der eigenen Erwartungen und Vorstellungen einhergehen. Im Bereich der Informationserfassung wären dies vor allem Cognitive Biases der Kategorie Selektive Wahrnehmung, bei denen die Erwartungen sowohl auf die Informationswahrnehmung, als auch auf die Informationssuche Einfluss nehmen. Bei der Verarbeitung von Informationen könnten bestätigende Tendenzen mittels reduzierter, geistiger Anstrengung, wie dem Ankereffekt, von Bedeutung sein und bei der Rückmeldung bestätigende, verzerrte Erinnerung in Form des Hindsight-Bias.

5.2.3 Kategorisierungsmodell von Pohl

2004 fasste Pohl die Ergebnisse der bisherigen Studien und beschriebenen Phänomene in dem Sammelband *Cognitive illusions* zusammen. Er verwendet in dieser Ausarbeitung den alternativen Begriff der kognitiven Täuschungen, welche ihrer Definition nach als Synonyme für Cognitive Biases angesehen werden können.

> „The main feature of a phenomenon for it to count as an illusion thus is that it leads to a perception, judgement, or memory that reliably derivates from reality (Pohl, 2004, S.2)."

Ziel dieser Zusammenstellung von Forschungsbeiträgen ist die Bildung einer präzisen Grundlage für zukünftige Forschung sowie die Erstellung erklärender Modelle. Darüber hinaus soll die gemeinsame Vorstellung der bisher entdeckten kognitiven Täuschungen aus der isolierten Betrachtung herausführen und so mögliche Überschneidungen dieser erkennbar machen (Pohl, 2004).

5.2.3.1 Kognitionspsychologischer Erklärungsansatz und Systematisierung

Pohl definiert kognitive Täuschungen anhand von fünf Kriterien, die sie von normalen Fehlern und Missverständnissen des menschlichen Denkens, Entscheidungsprozesses und Gedächtnisses abgrenzen (Pohl, 2004).

31

1) Abweichung von der Realität
2) Systematische Abweichung von einem normativen Standard
3) Unwillkürliches Auftreten
4) Schwer Vermeidbar
5) Abweichender Verlauf vom normalen Informationsverarbeitungsprozess

Eine kognitive Täuschung, wie auch eine optische Täuschung, stellt demnach zunächst eine Abweichung von der Realität dar. Dabei liegt die Schwierigkeit jedoch in der objektiven Abgrenzung zwischen richtigem und falschem Beurteilen sowie Entscheiden. Dem wird mit der Bezugnahme auf einen normativen Standard entgegengewirkt, zum Beispiel dem unvoreingenommenen Suchen nach Informationen unabhängig von den eigenen Erwartungen. Liegt eine kognitive Täuschung vor, dann erfolgt die Abweichung vom Standard systematisch und unwillkürlich. Motivationale Faktoren sind demnach für das Auftreten von kognitiven Täuschungen nicht ursächlich, sondern beeinflussen höchstens den Umfang des Effektes. Dadurch wird die Wahrnehmung der Täuschung und ihre aktive Vermeidung jedoch erschwert (Pohl, 2004).

Ursache für das Auftreten der kognitiven Täuschung scheinen dahingegen Abweichungen innerhalb des menschlichen Informationsverarbeitungsprozesses zu sein, welche jedoch klar von einer pessimistischen Beschreibung als Fehlfunktionen dieses Prozesses abgegrenzt werden. Vielmehr vertritt Pohl (2004) eine optimistischere Haltung gegenüber den kognitiven Täuschungen, welche effektive und anpassungsfähige Eigenschaften besitzen. Im Gegensatz zu Hogarth (1987) nimmt er keine weiteren kognitionspsychologischen Erklärungen vor, vielmehr erläutert er Perspektiven für künftige Forschung mit dem Ziel einer Erklärung basierend auf allgemeinen, kognitiven Prozessen. Demnach erfolgt die Systematisierung der Täuschungen nicht anhand der Schritte des Informationsverarbeitungsprozesses, sondern durch die Kategorien *thinking, judgement* und *memory* (Abb. 6).

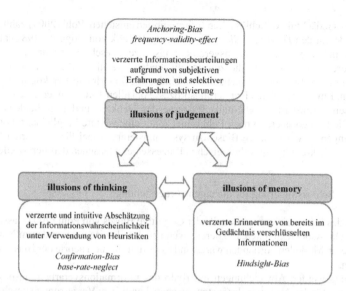

Abb. 6 Kategorisierung der Cognitive Biases in die Kategorien illusions of judgement, illusions of thinking und illusions of memory nach Pohl (2004)

Unter *illusions of thinking* werden Täuschungen verstanden, die bei Denkprozessen auftreten, in denen Heuristiken angewendet werden und zu systematischen Abweichungen von der Norm führen. Diese abweichende Verwendung der Heuristiken erfolgt dabei meist unbewusst und intuitiv (Pohl, 2004). Sie entsteht vor allem bei Aufgaben, in denen die Wahrscheinlichkeiten von Informationen eingeschätzt werden müssen. Beispielhaft seien hier die Phänomene *base-rate-neglect*, die Tendenz Basishäufigkeiten von Einzelereignissen nicht mit zu betrachten, und *Confirmation-Bias*, die Tendenz, nur hypothesenkonforme Informationen zu suchen, zu nennen (Pohl, 2004).

Ähnliches gilt für *illusions of judgement*, welche bei der subjektiven Beurteilung von Aspekten, zum Beispiel der Richtigkeit oder Häufigkeit, der gegebenen Informationen, entstehen. Dabei kann die Entscheidung aufgrund von spezifischen Faktoren, wie der subjektiven Erfahrung und der selektiven Aktivierung des Gedächtnisses, beeinflusst werden (Pohl, 2004). Vor allem bei Entscheidungen unter Unsicherheit können entsprechende Täuschungen auftreten, da die Unkenntnis über die korrekte Lösung die Erinnerung an persönliche Erfahrungen und Vorkenntnisse als Beurteilungsbasis erfordert. Exemplarisch dafür stehen der bereits von Kahneman und Tversky (1974) und Hogarth (1987) beschriebene *Anchoring-Bias* (Ankereffekt) sowie der *frequency-validity-effect*. Letzterer beschreibt das Phänomen, dass die häufige Wiederholung einer Behauptung zur Erhöhung des Glaubens an den Wahrheitsgehalt dieser Behauptung führen kann (Pohl, 2004).

Illusions of memory hingegen lassen sich deutlicher von den beiden anderen Kategorien abgrenzen. Hierbei handelt es sich um Täuschungen, die bei der Erinnerung von

33

vorher im Gedächtnis verschlüsselten Informationen entstehen. Pohl (2004) zählt hierzu unter anderem den *Hindsight-Bias*, der in der Systematik von Hogarth (1987) als Bias der Rückmeldung im Informationsverarbeitungsprozess beschrieben wurde.

Diese drei Kategorien und die zugrundeliegenden kognitiven Prozesse ermöglichen zwar eine plausible, jedoch nicht immer eindeutige Zuordnung der kognitiven Täuschungen. Einerseits spielen Erinnerungsprozesse bei allen Täuschungen eine Rolle und andererseits erfordern sie ebenfalls Prozesse des Denkens und Entscheidens (Pohl, 2004). Die Kategorisierung nach Pohl bildet somit eine weitere Möglichkeit, kognitive Täuschungen bzw. Cognitive Biases zu systematisieren, wobei die limitierten Kenntnisse über die kognitionspsychologischen Prozesse des Menschen deutlich werden.

5.2.3.2 Schlussfolgerung für die eigene Fragestellung

Anhand des Kategorisierungsmodells der Cognitive Biases von Pohl (2004) lassen sich wesentliche Aspekte ableiten, die bereits wenn auch teilweise unter anderem Namen in den anderen Modellen vorhanden waren und essentiell für die Theorie der Biases zu sein scheinen.

Einerseits werden Abweichungen innerhalb des Informationsverarbeitungsprozesses als Ursache für das Auftreten der systematischen, kognitiven Verzerrungen beschrieben. Zwar nimmt Pohl (2004) im Gegensatz zu Hogarth (1987) Abstand davon, diese den Schritten innerhalb des Prozesses zuzuordnen, dennoch können bei einer genaueren Betrachtung seine drei Kategorien ebenfalls in Zusammenhang mit der kognitiven Informationsverarbeitung gebracht werden. Innerhalb der Kategorien thinking und judgement werden die Informationen im Hinblick auf deren Auftrittswahrscheinlichkeit und Gültigkeit bewertet sowie mit den eigenen Erfahrungen und Prävorstellungen verglichen. Beides entspricht Prozessen, die ebenfalls bei der Informationsauswahl und Informationsverarbeitung stattfinden. Illusions of memory werden als Täuschungen beschrieben, die durch Verzerrungen beim Rückbezug auf die im Gedächtnis gespeicherten Informationen entstehen und somit äquivalent zu jenen im Schritt der Rückmeldung des Informationsverarbeitungsprozesses erscheinen. Darauf aufbauend scheint es sinnvoll zu sein, die im Zusammenhang mit der Bestätigung der eigenen Erwartungen erwähnten Cognitive Biases - Confirmation-Bias, Anchoring-Bias und Hindsight-Bias - mit Blick auf die vorliegende Fragestellung näher zu betrachten.

Andererseits wird ein Konsens darüber ersichtlich, dass Biases, die ebenfalls in die Kategorisierung von Pohl aufgenommen wurden, als unbewusste Phänomene angesehen werden können. MacCoun (1998) klassifiziert diese als Cold-Biases, welche unbewusst und selbst trotz Streben nach Genauigkeit auftreten können.

5.3 Zusammenführung der Systematiken zum eigenen Modell

Aufbauend auf den dargestellten Kategorisierungsmodellen von Kahneman und Tversky (1974; 2014), Hogarth (1987) und Pohl (2004) soll nun ein Modell vorgestellt

34

werden, welches verbindende Elemente zusammenführt sowie auf die vorliegende Problemstellung, dem Umgang mit Daten, ausgerichtet ist (Abb. 7).

Zunächst wird davon ausgegangen, dass der Umgang mit Daten im Kontext eines Problemlöseprozesses dem Format einer Beurteilungsaufgabe entspricht. Die gewonnenen bzw. vorgelegten Daten sind somit den Informationen gleichzusetzten, welche für die Beurteilung herangezogen werden (vgl. 4.2.2.). Diese Daten werden im Rahmen der persönlichen Vorstellungen und Erfahrungen zu dem vorliegenden Problem wahrgenommen, verarbeitet und interpretiert (vgl. *Schema*, 4.2.2.). Durch einen anschließenden Rückbezug der neuen Erkenntnisse auf die Prävorstellungen zum Beispiel in Form einer zuvor aufgestellten Hypothese können diese im Sinne der konstruktivistischen Lerntheorie verändert und erweitert werden. Dieser Prozess verläuft dabei kontrolliert und konzentriert, sodass von einer vorrangigen Steuerung mittels des kognitiven Systems 2 (vgl. 4.2.1.) ausgegangen werden kann.

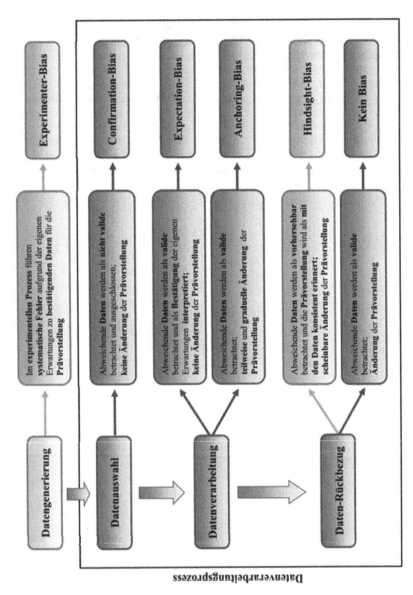

Abb. 7 Kategorisierungsmodell der Cognitive Biases im Datenverarbeitungsprozess

Der Datenverarbeitungsprozess lässt sich somit in die Schritte *Datengenerierung, Datenauswahl, Datenverarbeitung* und *Daten-Rückbezug* einteilen. Diesen Schritten können, basierend auf den Ergebnissen der Lehr- und Lernforschung zu Defiziten im Umgang mit Daten (Chinn & Brewer, 1998: Hammann et al. 2006, 2008; Oswald & Grosjean, 2004), Cognitive Biases zugeordnet werden, welche zu einer Bestätigung der vorhandenen Prävorstellungen führen. Daraus ergibt sich die Auswahl der fünf Biases *Experimenter-Bias, Confirmation-Bias, Expectation-Bias, Anchoring-Bias und Hindsight-Bias*, welche unter dem Begriff *Bestätigungstendenzen* (confirmatory strategies) zusammengefasst werden.

In der Literatur findet man diesbezüglich eine eher unklare Verwendung der Begriffe Bestätigungstendenz und Confirmation-Bias. Letzterer wird von einigen Autoren (Oswald & Grosjean, 2004; Hammann et. al, 2008; Baron et al., 1988) als Erklärungsansatz vielfältiger Bestätigungsphänomene in allen Phasen des Informationsverarbeitungsprozesses und somit synonym zu Bestätigungstendenzen genutzt. Der Confirmation-Bias wird demnach als eine Form der positiven Teststrategie verstanden, die im Gegensatz zum Ansatz der Hypothesen- Falsifikation nach Popper steht und zu systematischen Fehlern führt (Oswald & Grosjean, 2004). Diese Ausarbeitung schließt sich hingegen einer differenzierten Definition beider Begriffe an, wobei der Confirmation-Bias als Einzelphänomen bei der Informationssuche angesehen wird (American Psychological Association (APA), 2009; Caverni et al., 1990; Nickerson, 1998) und Bestätigungstendenzen als übergeordnete Kategorie verstanden werden. Als klassischer Erklärungsansatz für das Auftreten von Bestätigungstendenzen gilt die Dissonanztheorie von Festinger (1957). Diese schreibt dem Menschen die Fähigkeit zur rationalen Hypothesenprüfung zu, wobei jedoch Informationen, die von den individuellen Vorstellungen abweichen, eine kognitive Dissonanz erzeugen können. Die daraus folgende selektive Suche nach bestätigenden Informationen wird motivational begründet. Untersuchungen von Wason (1960, 1966) und Swan (1978) zeigen jedoch, dass Bestätigungstendenzen ebenfalls ohne motivationale Einflüsse zu bestehen scheinen (zit. nach Hell et al., 1993).

Die Cognitive Biases im Modell des Datenverarbeitungsprozesses gehören zu den Cold- Biases, also den nicht intentional sowie nicht motivational beeinflussten kognitiven Verzerrungen (MacCoun, 1998). Im Folgenden werden die fünf zugeordneten Cognitive Biases und ihr möglicher Anteil für das Auftreten von Defiziten im Umgang mit Daten näher beleuchtet.

5.3.1 Experimeter-Bias im Schritt der Datengenerierung

Der *Experimenter-Bias*[2] beschreibt die unbeabsichtigten, systematischen Fehler von Experimentatoren während des experimentellen Prozesses, ausgelöst durch ihre vorgefassten Überzeugungen in Bezug auf das erwartete Ergebnis (APA, 2009). Diese Bestäti-

---

[2] Andere Autoren, wie Balph et al. (1983) oder Risinger et al. (2002) verwenden den Begriff des *Observer-* oder *Observation-Bias*, welcher hier mit in die Definition des Experimenter-Bias einbezogen wird.

gungstendenz führt zur selektiven Wahrnehmung bei Beobachtungen und Messprozessen, sodass bei diesen bereits verzerrte Ergebnisse generiert werden (Risinger & Saks, 2002). Chapman und Chapman (1967, 1969) sehen im Experimenter-Bias beispielsweise eine Ursache für das Phänomen der *illusorischen Korrelation*, bei der empirisch auftretende Korrelationen wahrgenommen werden, wo eigentlich keine sind (Hell et al., 1993).

Die Untersuchung des Einflusses der Prävorstellungen auf Beobachtungen und deren Interpretation bildet somit ein elementares Prinzip in der Psychologie, wobei sowohl Faktoren des Beobachters, als auch die Charakteristik des Gegenstands von Bedeutung sein können (Risinger & Saks, 2002; Kazdin, 1977). Das Ausmaß des Effekts verdeutlicht die Analyse von 94 Studien, welche auf wissenschaftlichen Beobachtungen in sieben Bereichen der Verhaltensforschung basieren. Diese konnte zeigen, dass 70% der Beobachter Ergebnisse erhielten, die ihren Erwartungen entsprachen und damit eine Tendenz zum Experimenter-Bias aufwiesen (Balph & Hatch Balph, 1983). Aber auch berühmte Wissenschaftler, die essentielle Grundlagen für unser heutiges naturwissenschaftliches Wissen legten, waren von diesem Bias nicht frei. Mendel's Ergebnisse der Auszählungen von Erbsenmerkmalen lagen zum Beispiel näher an den theoretischen Vorhersagen, als es in der Praxis wahrscheinlich möglich gewesen wäre. Es kann also davon ausgegangen werden, dass Mendel oder sein Assistent, die Ergebnisse entweder abweichend berichteten oder aufgrund ihrer Erwartungen dem Experimenter-Bias unterlagen (Risinger & Saks, 2002). Für die Ausprägung des Effekts spielt einerseits die Stärke der Prävorstellungen und andererseits die Stärke des eigenen Interesses an dem Ergebnis eine entscheidende Rolle. Je stärker beide Faktoren ausgeprägt sind, desto wahrscheinlicher und robuster tritt der Experimenter-Bias auf (Tuyttens et al., 2014).

Untersuchungen im Bereich der Fachdidaktischen Forschung wurden von Redish, Gunstone und White im Fach Physik durchgeführt. Ihre Ergebnisse konnten zeigen, dass Schüler_innen je nach individueller Erwartung nicht das sahen, was sie sehen sollten oder sogar Dinge sahen, die theoretisch nicht beobachtet werden konnten. Beispielsweise beschrieben Schüler_innen, wie eine Kugel nach dem Verlassen einer Kreisbahn die Kurvenbewegung fortführte, anstatt die gerade Linienbewegung dieser zu beobachten (zit. nach Jeng, 2006).

Bezieht man die bisherigen Forschungsergebnisse zum Experimenter-Bias auf den Prozess der Erkenntnisgewinnung, tritt dieser Bias vornehmlich in den experimentellen Phasen der Untersuchungsplanung und Durchführung auf, wobei besonders die Wahrnehmung bei Messprozessen und Beobachtungen betroffen sind (Risinger & Saks, 2002). Jeng (2006) spezifiziert diese Erkenntnisse auf Prozesse, in denen die Grenzen der menschlichen Wahrnehmung erreicht werden, sodass bezogen auf die Datengenerierung dem Ablesen von Skalen eine besondere Rolle zukommt. Untersuchungen konnten zeigen, dass systematische Fehler vor allem beim Lesen der Daten von den Anzeigen der Messgeräte auftraten (Risinger & Saks, 2002).

Der Schritt der Datengenerierung ergänzt das Modell des Datenverarbeitungsprozesses, sodass die aktive Handlung, Daten in der naturwissenschaftlichen Untersuchung selbst zu erzeugen, mit einbezogen wird (Primärdaten). Diese Ergänzung erschien notwendig, da erstens der gesamte Prozess der Erkenntnisgewinnung von den Schüler_innen im Unterricht selbstständig durchgeführt werden kann und zweitens Cognitive Biases in Form des Experimenter-Bias bereits in diesem Schritt auftreten können. Im Gegensatz dazu können ebenfalls Daten verarbeitet werden, die nicht selbst generiert wurden, sondern aus vorgegebenen Quellen stammen (Sekundärdaten). In diesem Fall beginnt der Datenverarbeitungsprozess mit dem Schritt der Datenauswahl.

5.3.2 Confirmation Bias im Schritt der Datenauswahl

Der *Confirmation Bias* zählt zu den meist beschriebenen und untersuchten kognitiven Verzerrungen (Trope & Liberman, 1996), wobei man in der wissenschaftlichen Literatur einerseits auf synonym verwendete Begriffe wie *Matching*- oder *Congruence-Bias*[3] und andererseits auf zwei unterschiedliche Definitionen für dieses Phänomen stößt. Wie bereits in der Einleitung zu diesem Kapitel erläutert wurde, wird der Confirmation-Bias hier als eine Bestätigungstendenz betrachtet, bei der die kognitive Verzerrung in Bezug auf die Informationsauswahl auftritt. Demnach beschreibt er die Tendenz, nach Informationen bzw. Evidenzen zu suchen, welche die eigenen Prävorstellungen und Erwartungen bestätigen und davon abweichende zu ignorieren oder auszuschließen (APA, 2009; Caverni et al., 1990; Nickerson, 1998). Damit einhergeht, dass falsche Schlussfolgerungen in Bezug auf die eigene Hypothese gezogen werden sowie Alternativen, die ebenfalls durch die gegebenen Informationen bestätigt werden könnten, nicht betrachtet werden (Wason, 1960).

Darley und Gross (1983) konnten diesen Effekt in einem sozialwissenschaftlichen Experiment veranschaulichen. In diesem sollten Menschen ausgehend von einem Video die zukünftigen akademischen Fähigkeiten verschiedener Kinder einschätzen. Die Mehrheit der Probanden ging bei ihrem Urteil ausschließlich von dem gegebenen sozioökonomischen Status der gezeigten Kinder aus und vernachlässigte dagegen andere relevante Informationen (Hernandez & Preston, 2013). Bezieht man die Ergebnisse von Chinn und Brewer (1998) mit ein, entspricht dies einem Umgang mit Daten, bei dem diese als nicht valide bewertet werden und keine Theorieänderung stattfindet (*Ignoring, Exclusion, Rejection*).

Wie auch für die meisten anderen Bestätigungstendenzen, wird vor allem eine selektive Aufmerksamkeit gegenüber den gegebenen Informationen als Ursache für den Confirmation- Bias angesehen. Risinger und Saks (2002) erklären dies mit der Flexibilität des menschlichen kognitiven Systems, automatisch und ohne Intention einige Informationen wahrzunehmen und andere zu ignorieren, wobei die Grundlage dafür unsere Erfahrungen und Erwartungen bilden. Diese Funktion ist in einem Alltag, in dem Menschen mit sehr vielen Informationen konfrontiert werden, die nicht alle gleichermaßen verarbeitet werden können, sicherlich sinnvoll und hilft, sich auf Wesentliches zu konzentrieren. Jedoch kann sie auch in Situationen, in denen von der Prävorstellung abweichende Informationen für eine Entscheidung notwendig sind, zu systematischen Verzerrungen führen (Risinger & Saks, 2002).

---

[3] Oswald verwendet in diesem Zusammenhang den Begriff des Matching-Bias (Evidence matches the hypothesis); Baron et al den Begriff Congruence-Bias Baron, Beattie und Hershey (1988)

Schwind und Buder (2012) untersuchten im Hinblick auf Präventionsmaßnahmen den Einfluss des Vorwissens auf das Auftreten des Confirmation-Bias und fanden dabei heraus, dass Novizen ohne Vorwissen weniger anfällig für die kognitive Verzerrung zu sein scheinen, als Probanden mit Vorwissen zum Sachverhalt. Der beobachtete Unterschied im Verhalten lag darin, dass die Novizen offener für die Hinweise auf widersprüchliche Informationen waren, diese auch wahrgenommen und einbezogen haben. Neben dem vorhandenen Vorwissen scheinen vor allem niedrige persönliche Kosten bei Fehleinschätzungen und eine geringe Motivation für ein akkurates Testen der eigenen Hypothese den Confirmation-Bias zu begünstigen (Trope & Liberman, 1996). In einer Untersuchung von Lord et al. (1979) wurde außerdem gezeigt, dass Forschungsergebnissen, die mit den eigenen Vorstellungen übereinstimmen, ein höherer Wahrheitsgehalt zugeschrieben wird, als Studien mit gegenteiligen Ergebnissen. Für den Einfluss der Herkunft der Daten auf deren Glaubwürdigkeit lässt sich somit sagen, dass Daten auch dann ausgeschlossen werden, wenn sie eine äquivalente Qualität wie die bestätigenden Daten aufweisen (Lord, Ross & Lepper, 1979, S. 2106).

Der Confirmation-Bias wird demnach dem zweiten Schritt im Datenverarbeitungsprozess, der Datenauswahl, zugeordnet. Tritt dieser Bias auf, werden diejenigen Daten ausgewählt, die für die Lösung der Beurteilungsaufgabe als valide und relevant erscheinen sowie für die folgende Datenverarbeitung unter Betracht gezogen werden.

5.3.3 Expectation-Bias im Schritt der Datenverarbeitung

Der *Expectation-Bias* beschreibt die Tendenz, Informationen aufgrund der eigenen Erwartungen und Prävorstellungen zu interpretieren, wobei die verzerrte Interpretation unbeabsichtigt erfolgt (APA, 2009). Bezogen auf wissenschaftliche Erkenntnisprozesse bedeutet dies, dass der Experimentator die gewonnenen Ergebnisse je nach eigener Erwartung deutet, sodass selbst abweichende Daten als bestätigend für die eigene Hypothese wahrgenommen werden. Alternativ werden für Abweichungen nur systematische Fehler betrachtet, die eine Erklärung in Richtung des zu erwarteten Wertes zulassen.

Ein historisches Beispiel zweier populärer Wissenschaftler verdeutlicht das Phänomen einer einseitigen Fehlerbetrachtung. Laut dem Wissenschaftshistoriker Galison schienen Einstein und de Haas bei ihren Experimenten zur Bestimmung der Erdbeschleunigung vom Expectation-Bias beeinflusst worden zu sein. Dabei beachteten sie systematische Fehler, welche zu höheren Werten führten und behoben diese, vernachlässigten jedoch solche Fehlerquellen, die niedrigere Werte erzeugt hätten (Jeng, 2006).

Der Expectation-Bias wird häufig mit dem Experimenter-Bias zusammengefasst, da für die systematischen Verzerrungen bei der Datengenerierung und Datenverarbeitung die individuellen Erwartungen ursächlich erscheinen. Für eine differenzierte Betrachtung auf der Ebene des kognitiven Datenverarbeitungsprozesses erscheint es jedoch sinnvoll, die beiden Phänomene getrennt voneinander zu definieren. Bei der Datenverarbeitung werden die ausgewählten Daten entsprechend des persönlichen Schemas beurteilt und interpretiert. Die Frage ist, ob und inwiefern die Daten in das individuelle Konzept über das vorliegende Phänomen eingebaut werden. Dabei kann einerseits eine fehlerhafte Interpretation der Daten erfolgen, die den eigenen Vorstellungen und Erwartungen entspricht. Diese Reaktion wird von Chinn und Brewer als *Reinterpretation* beschrieben und wird in diesem Modell dem Expectation-Bias zugeordnet.

5.3.4 Anchoring-Bias im Schritt der Datenverarbeitung

Werden die Daten im Gegensatz zum Expectation-Bias hinsichtlich ihres abweichenden Charakters interpretiert, kann eine teilweise Theorieänderung (*Peripheral theory change*) stattfinden. Die von der Prävorstellung abweichenden Daten werden dabei zum Teil in die eigene Theorie eingebaut und erklärt, wobei jedoch keine vollständige Anpassung stattfindet. Geht man davon aus, dass die Prävorstellung über ein naturwissenschaftliches Phänomen mit einem bestimmten, diesen bestätigenden Datensatz assoziiert wird, kann man ihr den kognitionspsychologischen Begriff des Ankers zuordnen. Erfolgt nun eine schrittweise aber unvollständige Anpassung, welche vom abweichenden Datensatz induziert wurde, entspricht dies dem Phänomen des *Anchoring-Bias*.

Beschrieben wurde dieser Bias bisher vorrangig mit Hilfe von Experimenten zur Schätzung quantitativer Werte und der Untersuchung von Einflussfaktoren juristischer Entscheidungen. Englich und Mussweiler (2001) konnten beispielsweise in einer Studie mit erfahrenen Richtern zeigen, dass diese in ihrem Urteil für das Strafmaß durch Verurteilungsforderungen beeinflusst wurden. Einer Gruppe der Richter wurden niedrige Forderungen, einer anderen hohe Forderungen des Strafmaßes vom Kläger vorgetragen. Die durchschnittlichen Urteile zeigten dabei eine Differenz von acht Monaten zwischen beiden Richtergruppen, obwohl es sich um dieselbe Straftat handelte. Interessant an dieser Untersuchung ist vor allem, dass die Forderung nicht von einem Experten kam sondern von einem Studenten der Informatik, welcher die Rolle des Klägers spielte (Mussweiler, Englich & Strack, 2004).

Menschen neigen also dazu, Schätzwerte und numerale Entscheidungen an einen vorgegebenen Ankerwert zu orientieren und diesen nur im geringen Maße mit Hilfe von rationalen Überlegungen an den richtigen Wert anzupassen (Furnham & Boo, 2011). Anker können dabei von außen vorgegeben sein oder aber aus den eigenen Erfahrungen erinnert werden. Prävorstellungen, deren Bestätigung mit einem entsprechenden Datensatz assoziiert wird, können der zweiten Kategorie von Ankern zugeordnet werden. Die kognitive Verzerrung entsteht erst durch die unzureichende Anpassung dieses Ankers, aufgrund von Bestätigungstendenzen bezüglich der eigenen Ausgangstheorie (Furnham & Boo, 2011).

Der Effekt gilt als einer der robustesten kognitiven Verzerrungen und konnte bereits in einer großen Bandbreite von Kontexten beobachtet werden, wie zum Beispiel bei der Beantwortung von Allgemeinwissensfragen (Almanachfragen), dem Schätzen von Wahrscheinlichkeiten und den bereits erwähnten Gerichtsurteilen (Mussweiler et al., 2004).

Untersuchungen zeigten außerdem, dass der Anchoring-Bias ebenfalls dann auftritt, wenn der Anker keinen informativen Wert besitzt. So haben Kahneman und Tversky Experimente mit zufällig generierten Ankerwerten mittels eines Glücksrades durchgeführt und den Effekt dennoch beobachten können. Auch extreme Ankerwerte, die Motivation der Probanden für die Selbstdarstellung oder die gezielte Information der Probanden über den Effekt, konnten der Robustheit kaum etwas anhaben (Mussweiler et al., 2004).

Eine kognitionspsychologische Erklärung bildet der Ansatz der *selektiven Zugänglichkeit* von Strack und Mussweiler. Dieser geht von zwei Urteilsprozessen beim Anchoring-Bias aus, dem *komparativen Urteil*, welches die Tendenz des Urteils in Bezug auf den Anker (höher oder niedriger) festlegt und das *absolute Urteil*, bei dem der genaue Wert des Urteils bestimmt wird. Der Anchoring-Bias entsteht demnach durch die unvollständige Anpassung aufgrund der besseren Zugänglichkeit zu ankerkonsistenten Informationen (Mussweiler et al., 2004). Damit verbinden sie sowohl Urteils-, als auch Erinnerungsmechanismen und bieten mit der selektiven Zugänglichkeit gleichzeitig einen Erklärungsansatz für einen weiteren Bias im Datenverarbeitungsprozess, den Hindsight-Bias (Mussweiler et al., 2004). In Bezug auf diesen bildet der Anker einen plausibler Wert, der und zum Zeitpunkt des absoluten Urteils für ankerkonsistente Informationen einen höheren Abrufreiz verursacht und somit besser erinnert werden kann.

Jedoch gibt es auch wichtige Unterschiede zwischen Anchoring- und Hindsight-Bias. Zum Beispiel ist für letzteren das komparative Urteil nicht zwingend notwendig, für das Auftreten des ersteren jedoch eine notwendige Bedingung (Eisenhauer, 2001). Somit kann die Theorie der selektiven Zugänglichkeit zwar für den Anchoring-Bias als gültiger Erklärungsansatz angesehen werden, der Hindsight-Bias und dessen kognitionspsychologische Ursachen sollten jedoch davon abgegrenzt betrachtet werden.

5.3.5 Hindsight-Bias im Schritt des Daten-Rückbezugs

Der *Hindsight-Bias* (Rückschaufehler) gilt als häufig zitierter Urteilsfehler und wurde zuerst von Fischerhoff (1975) als *"knew-it-all-along-effect"* dokumentiert. Er beschreibt die Tendenz, die Vorhersagbarkeit für die Wahrscheinlichkeit eines Ereignisses zu überschätzen, nachdem der Ausgang des Ereignisses bereits bekannt ist (zit. nach Christensen-Szalanski, Jay J. J & Willham, 1991; Arkes, Faust, Guilmette & Hart, 1988).

Dieses Phänomen konnte bereits in zahlreichen Studien beobachtet sowie dessen Robustheit gegenüber Interventionsmaßnahmen gezeigt werden. Außerdem scheinen motivationale Faktoren auf das Auftreten des Bias kaum Einfluss zu haben, da für diese, wie dem Streben nach Selbstdarstellung, nur sehr kleine Effekte nachgewiesen werden konnten (Christensen- Szalanski, Jay J. J. & Willham, 1991).

Für das Auftreten des Hindsight-Bias sind laut Hawkins und Hastie (1990) typischerweise zwei Mechanismen verantwortlich: erstens die Überschätzung der eigen Fähigkeit, ein Ereignis mit bekanntem Ausgang vorhersagen zu können und zweitens der Glaube daran, bei diesem Urteil nicht von dem Wissen über den Ausgang beeinflusst worden zu sein (zit. nach Masnick & Zimmerman, 2009). Notwendige Bedingungen für den Hindsight-Bias sind zusätzlich das Vergessen des ursprünglichen Urteils und der Prozess der Neubeurteilung.

Einen ersten Erklärungsansatz auf kognitiver Ebene lieferten Fischerhoff (1975, 1977) und Connolly und Bukszar (1990). Sie stellten die Hypothese auf, dass der Hindsight-

Bias aufgrund von kognitiven Prozessen im Zusammenhang mit der Informationsintegration und dem Informationsabruf auftritt. Dabei gehen sie davon aus, dass entkräftende und bestätigende Informationen im Gedächtnis unterschiedlich leicht gespeichert und abgerufen werden können (zit. nach Christensen-Szalanski, Jay J. J. &Willham, 1991). Demnach wird nach dem Erhalt der Information über den Ausgang des Ereignisses erneut der Informationsverarbeitungsprozess durchlaufen, wobei aufgrund der neuen Information die Zugänglichkeit zu den ursprünglichen Überlegungen erschwert wird und diese nur noch selektiv erinnert werden können. Darüber hinaus kann ein automatischer, unbewusster Einbezug der neuen Information in das eigene kognitive Konstrukt zu veränderten Verarbeitungsprozessen führen (Hell et al., 1993).

Als alternativer Erklärungsansatz wurde der Anchoring-and-Adjustment-Prozess als Ursache für den Hindsight-Bias unter Betracht gezogen. Vertreter_innen dieses Ansatzes gehen davon aus, dass die neue Information über den Ereignisausgang den Anker für die darauf folgende Anpassung in Bezug auf die ursprünglichen Überlegungen bildet. Erfolgt der Anpassungsprozess unvollständig entsteht ein Erinnerungs-Urteil im Sinne des Hindsight- Bias. Jedoch konnte diese Erklärung bisher nicht ausreichend validiert werden, vielmehr sprechen abweichende Aspekte zwischen den Befunden zum Hindsight-Bias und zum Adjustment-Konzept gegen diesen Ansatz (Hell et al., 1993).

Auf diesen Ergebnissen aufbauend und unter Rückbezug auf die Erkenntnisse von Fischerhoff (1975,1977), stellen Pohl et al. das Modell SARA vor, welches die Ursachen des Phänomens mit den Mechanismen des menschlichen Informationsverarbeitungsprozesses erklären könnte (Eisenhauer, 2001). Das kognitive Prozessmodell SARA von Pohl et al. (in press.) vereint grundlegende Konzepte über Wissen und damit verbundene kognitive Prozesse innerhalb der Kognitionspsychologie und wurde direkt für die Erklärung von Anchoring- und Hindsight- Bias entwickelt. Es beinhaltet die Phasen *Schätzung generieren, Anker enkodieren* und *vergessene Schätzung rekonstruieren*, in denen durch eine selektive Aktivierung von Informationen Verzerrungen bei der Urteilsbildung erfolgen können (Eisenhauer, 2001).

Diese kognitiven Mechanismen, die beim Rückbezug der Informationen auf die vorhandenen Prävorstellungen aktiviert werden, beeinflussen sowohl den Hindsight-Bias, als auch den Prozess des adaptiven Lernens (Eisenhauer, 2001). In Bezug auf ein konstruktivistisches Lernen blockiert der Hindsight-Bias somit die nachhaltige Reflexion der Informationen auf die kognitiven Konstrukte, sodass eine tatsächliche, langfristige Änderung der bestehenden Prävorstellungen erschwert wird (Arkes et al., 1988).

Im Modell des Datenverarbeitungsprozesses wird der Hindsight-Bias dem letzten Schritt, dem Daten-Rückbezug zugeordnet. Tritt dieser auf, so scheint zunächst eine graduelle Veränderung der naiven Vorstellungen hin zu einer wissenschaftsnahen zu erfolgen, welche nach Chinn und Brewer (1998) einen Umgang mit Daten entsprechend der Reaktion *Theory change* bedeuten würde. Jedoch würde dabei die Abwendung von der Prävorstellung unbewusst erfolgen, da diese im Licht der abweichenden Daten lediglich falsch erinnert wurde und damit einer nachhaltigen Theorieänderung im Weg stehen.

Tab. 2 Überblick und Definitionen der Cognitive Biases im Datenverarbeitungsprozess

Bias	Definition basierend auf dem Datenverarbeitungsprozess
Experimenter-Bias	ist die Tendenz, bei der experimentellen Datengenerierung (inkl. wissenschaftlicher Beobachtungen) vorgefasste Überzeugungen einzubeziehen und dadurch vorrangig bestätigende Daten für die eigene Prävorstellung zu gewinnen.
Confirmation-Bias	ist die Tendenz, ausschließlich Daten auszuwählen und zu berücksichtigen, die die eigene Prävorstellung bestätigen und davon abweichende Daten auszuschließen.
Expectation-Bias	ist die Tendenz, bei der Interpretation von Daten vorgefasste Überzeugungen einzubeziehen und damit die eigene Prävorstellung zu bestätigen.
Anchoring-Bias	ist die Tendenz, bei der Interpretation von Daten die eigene Prävorstellung als Anker zu benutzen und diese im Licht von davon abweichenden Daten unzureichend anzupassen.
Hindsight-Bias	ist die Tendenz, nach der Datenverarbeitung die Vorhersehbarkeit der abweichenden Daten zu überschätzen und die eigene Prävorstellung in deren Richtung verzerrt zu erinnern.

5.4 Daten als Informationsform

In den vorangegangenen Kapiteln wurden der Informationsverarbeitungsprozess sowie dabei auftretende Cognitive Biases dargelegt und auf die Verarbeitung von Daten im Kontext wissenschaftlicher Erkenntnisgewinnung bezogen. Daten werden in diesem Modell also als eine Form von Information angesehen, die mittels Beobachtungen und Messprozessen generiert und im Hinblick auf die vorhandenen Vorstellungen bewertet und interpretiert werden. Je nach Herkunft, Verarbeitungsart, Informationsgehalt und Repräsentationsform können dabei verschiedene Arten von Daten differenziert und kategorisiert werden.

5.4.1 Primär- und Sekundärdaten

Die Unterscheidung von Daten in *Primärdaten* (first-hand-data) und *Sekundärdaten* (second- hand-data) entspricht dem Kriterium der Herkunft der Daten. Erstere werden bei der Untersuchung eines Phänomens selbst generiert, wobei verschiedene Erkenntnismethoden verwendet werden. Sekundärdaten wurden hingegen bereits von anderen gesammelt und liegen in einem entsprechenden Bericht, beispielsweise als wissenschaftlicher Artikel oder in Form von Rohdaten, vor (Hug & McNeill, 2008). Innerhalb der fachdidaktischen Forschung konnten hier bereits Erkenntnisse über Zusammenhänge zwischen Datenherkunft und Umgang mit diesen gewonnen werden. Hug und McNeill (2008) konnten zeigen, dass Schüler_innen ein besseres Verständnis für die Grenzen und Fehlerhaftigkeit von Daten mit Hilfe von Primärdaten erhielten. Dahingegen konnte fachwissenschaftliches Wissen eher über Sekundärdaten gefördert werden.

5.4.2 Qualitative und Quantitative Daten

Qualitative Daten und *Quantitative Daten* werden auf Grundlage der Art und Weise wie diese bei der Auswertung verarbeitet werden können unterschieden.

Qualitativen Daten entsprechen Merkmalsausprägungen, die verbal oder nicht-numerisch beschrieben werden können (Bortz & Döring, 2009). Generell handelt es sich hierbei um nominalskalierte Merkmale, die je nach Abstufung ihrer Ausprägungsmöglichkeit dichotom oder polytom sein können. Unter diese Kategorie von Daten fallen beispielsweise mikroskopische Aufnahmen oder verbale Aussagen in einem Interview. Die Verarbeitung dieser Daten erfolgt rein interpretativ, wobei eine statistische Auswertung im Sinne von Häufigkeitsanalysen mittels quantitativer Transformation in Nominaldaten ermöglicht wird. Typischerweise wird dafür die Methode der quantitativen Inhaltsanalyse verwendet. Werden Urteiler in die Auswertung mit einbezogen, können die qualitativen Daten Rängen und hierarchischen Kategorien zugeordnet werden, sodass quantitative Daten höherer Skalenniveaus entstehen (Bortz & Döring, 2009).

Quantitative Daten können hingegen direkt statistisch verarbeitet werden, da sie die Menge aller numerischen Merkmalsmessungen abbilden. Ein Beispiel dafür ist die Messung von Populationsdichten verschiedener Arten in einem Ökosystem (Bortz & Döring, 2009). Sie können hinsichtlich ihres Informationsgehalts noch weiter unterteilt werden, man spricht von unterschiedlichen Skalenniveaus der Daten.

5.4.3 Skalenniveaus von Daten

Der Informationsgehalt der quantitativen Daten wird über die vier Skalenniveaus *Nominalskala, Ordinalskala, Intervallskala* und *Verhältnisskala* ausgedrückt.

Nominal skalierte Daten geben eine Aussage darüber, wie häufig bestimmte Merkmalsausprägungen gemessen werden konnten. Dafür werden Objekten mit gleichen Merkmalsausprägungen gleiche Zahlen und Objekten mit abweichenden Merkmalsausprägungen unterschiedliche Zahlen zugeordnet. Mathematisch können nominal skalierte

Daten also höchstens auf die Häufigkeitsverteilung der gemessenen Ausprägungen hin analysiert werden (Bortz & Döring, 2009). Daten der Ordinalskala ermöglichen darüber hinaus die Auswertung von Ranginformationen, indem Objekte mit dominierenden Merkmalsausprägungen höhere Zahlenwerte erhalten als solche mit weniger starken Ausprägungen. Bei gleicher Ausprägung erhalten beide Objekte eine identische Zahl (Bortz & Döring, 2009). Differenzen sowie Summen zwischen den Merkmalsausprägungen, Mittelwerte und Standardabweichungen dieser sowie weitere statistische Verfahren können mit Daten der Intervall- und Verhältnisskala durchgeführt werden. Diese Arten von Daten geben Aufschluss über die Größe der Merkmalsunterschiede zwischen zwei Objekten, indem die Rangordnung der Zahlendifferenz der Rangordnung der Merkmalsunterschiede entspricht (Bortz & Döring, 2009). Das bedeutet, dass gleiche Unterschiede in der Merkmalsausprägung identischen Messwertunterschieden zwischen Objektpaaren zugeordnet werden. Der Unterschied zwischen intervallskalierten und verhältnisskalierten Daten besteht darin, dass letztere einen definierten Nullpunkt besitzen, wodurch die Verhältnisse konstant bleiben. In den meisten Fällen werden Daten der beiden Skalenniveaus statistisch gleich ausgewertet, sodass die Skalen häufig zur *Kardinalskala* oder *metrischen Skala* zusammengefasst werden (Bortz & Döring, 2009).

5.4.4 Repräsentationsformen von Daten

Daten als Informationsquelle können unterschiedliche externe Repräsentationsformen annehmen, wodurch sie für die Wahrnehmung jeder Person zugänglich sind (Gilbert, 2010). Die verschiedenen Möglichkeiten der Visualisierung von Informationen werden im Allgemeinen als *generic mode of representation* bezeichnet. Gilbert et al. (2000) unterteilen diese in gestische, konkrete bzw. materielle, visuelle, symbolische und verbale Repräsentationen. Für Daten als spezielle Form der Informationen spielen vor allem die visuellen, symbolischen sowie verbalen Darstellungen eine Rolle.

In der Kognitionspsychologie wird in diesem Kontext zwischen *aussagenartigen* (sprachlich- symbolisch, deskriptional) und *analogen* (bildlich, depiktional) Repräsentationen unterschieden (Edelmann & Wittmann, 2012; Lachmayer, 2008). Letztere werden vor allem mit Bildern als solchen, vereinfachten Bildern und Diagrammen in Verbindung gebracht. Bilder stellen Informationen der realen dreidimensionalen Welt in zwei Dimensionen dar, wobei die räumliche Anordnung der Objekte einer Momentaufnahme entspricht. In der naturwissenschaftlichen Bildung werden sie meist dafür genutzt, wesentliche Aussagen aus einem verbalen Format (z.B. Text) zu wiederholen oder schwer schriftlich beschreibbare Sachverhalte darzustellen. Für Daten einer naturwissenschaftlichen Untersuchung trifft dies dann zu, wenn es sich um Bildmaterial handelt, welches analysiert werden soll (z. B. medizinische Aufnahmen oder Bilder von zu beschreibenden Spezies). Dabei handelt es sich um realistische Repräsentationen von qualitativen Daten. Quantitative Daten werden meist in mathematischen Diagrammen repräsentiert, wobei verschiedene Subformen wie Tabellen, Linien-, Balken- und Kreisdiagramme zur Anwendung kommen (Lachmayer, 2008). Diese abstrakten, logischen

Repräsentationsformen von Informationen bedürfen jeweils eigener Lern- und Übungsmethoden zur Enkodierung und sollten nicht nur im Mathematikunterricht, sondern auch anhand von naturwissenschaftlichen Kontexten behandelt werden (Gilbert, 2010). Kognitionspsychologisch erscheint es sinnvoll, analoge und aussagenartige Darstellungen zu verbinden, wie Paivio (1986) und Anderson (1988) anhand der Ansätze der multiplen Repräsentation bzw. dualen Kodierung beschrieben (Edelmann & Wittmann, 2012). Die Kombination aus Text und Bild soll zu einer verbesserten Aufnahme, Verarbeitung und Speicherung neuer Informationen führen. Untersuchungen in diesem Forschungsgebiet konnten zeigen, dass Anschauungen von abstrakten Sachverhalten tatsächlich das Lernen dieser positiv beeinflussen können. Dabei ist jedoch der Umfang der bildlichen Darstellung entscheidend, da zwar der Erwerb von Sachwissen erleichtert wird, jedoch die Förderung der Lesekompetenz vernachlässigt wird (Edelmann & Wittmann, 2012).

Wissenschaftliche Daten aus entsprechenden Untersuchungen werden ebenfalls oft multipel repräsentiert, wobei die bereits besprochenen graphischen Darstellungen in Form von Diagrammen genutzt werden, aber auch Daten innerhalb des Fließtextes verbalisiert und in den jeweiligen Kontext gesetzt werden.

5.4.5 Überblick über die beschriebenen Daten-Arten

Abbildung 8 bietet einen Überblick über die Auswahl der hier beschriebenen Daten-Arten.

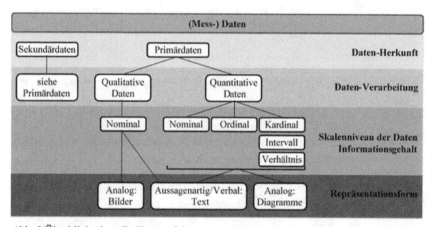

Abb. 8 Überblick über die Kategorisierung von Daten-Arten

Daten weisen somit eine hohe Variabilität auf, je nachdem woher sie stammen, welche Informationen sie beinhalten, wie sie ausgewertet und dargestellt werden. Aus diesem Grund ist es fraglich, wenn lediglich Defizite beim Umgang mit Daten im Allgemeinen

47

und unabhängig von der vorliegenden Daten-Art betrachtet werden. Die Untersuchung eines möglichen Zusammenhangs zwischen den Eigenschaften der Daten und den beim Datenverarbeitungsprozess auftretenden Problemen scheint somit eine logische Konsequenz zu sein.

6 Untersuchungsmethode

Zur Beantwortung der zweiten Forschungsfrage wurde im Rahmen der vorliegenden Arbeit ein Aufgabenformat entwickelt, welches zur Testung eines möglichen Zusammenhangs zwischen auftretenden Cognitive Biases und der Daten-Art geeignet sein soll. Die sechs konzipierten Aufgaben wurden erprobt und mittels qualitativer Analyse untersucht.

6.1 Konzeption der Aufgaben

Für die Konzeption der Testaufgaben war es zunächst notwendig, ein geeignetes Aufgabenformat auszuwählen, welches die Möglichkeit bot, den zu untersuchenden Zusammenhang zwischen Cognitive Bias und Daten-Art abzubilden. Dieses musste anschließend in einen passenden biologischen Kontext eingebettet werden.

6.1.1 Das Aufgabenformat

Die Konzeption von Testaufgaben, die einen bestimmten Zusammenhang abbilden und erfassen sollen, unterliegt nach Rost (1996) bestimmten formalen Bedingungen, die es zu beachten gilt. Zunächst müssen das zu erfassende Merkmal sowie die ausgewählte unabhängige Variable präzise definiert werden. Dieser Schritt der Operationalisierung erfolgt häufig theoriegeleitet (deduktiv) und bezweckt die objektive Messbarkeit des Personenmerkmals und dessen Ausprägungen. Die unterschiedlichen Merkmalsausprägungen werden daraufhin innerhalb der Testaufgabe in Form von Antwortmöglichkeiten abgebildet, wobei diese möglichst disjunkt und exhaustiv sein sollten (Rost, 1996). Im Fall der Cognitive Biases als abhängige Merkmalsvariable bilden die aus der Theorie abgeleiteten Biases im Datenverarbeitungsprozess (vgl. 4.3. Tab. 2) die Grundlage für die möglichen Antwortkategorien. Die spezifische Daten-Art, für die gemessen werden soll, welcher Bias bevorzugt auftritt, wird dagegen im Aufgabenstamm einer jeweiligen Testaufgabe abgebildet. Nachdem die Merkmale operationalisiert wurden, muss ein geeignetes Aufgabenformat ausgewählt werden (Rost, 1996). Da es sich bei dem Konstrukt der Cognitive Biases im Umgang mit Daten um ein kognitives Konzept handelt, welches sich anhand von verschiedenen Ausprägungen zeigen kann und zwischen denen nicht in richtig und falsch unterschieden werden kann, wurde ein Aufgabenformat gewählt, welches sich an das Prinzip der *Ordered-multiple-choice-Aufgaben* (OMC) anlehnt. Dieses Aufgabenformat verbindet die Vorteile von offenen Aufgaben und klassischen Multiple-Choice-Formaten, da es die Erfassung mehrere Verständnisniveaus im

Sinne unterscheidbarer, hierarchisch geordneter Ausprägungen eines Merkmals inner-halb einer Aufgabe ermöglicht (Hadenfeldt & Neumann, 2012). Aus diesem Grund wur-den OMC-Aufgaben bisher vorrangig zur Testung von Kompetenzstufen innerhalb der fachdidaktischen Forschung genutzt. Der allgemeine Aufbau einer solchen Aufgabe be-steht aus dem Aufgabenstamm, der den Kontext und die unabhängige Variable beinhal-tet. Die Besonderheit spiegelt sich in den Antwortoptionen einer OMC-Aufgabe wider, diese bilden jeweils ein bestimmtes Verständnisniveau ab. Die richtige Antwortoption entspricht dabei dem höchsten, erfassbaren Verständnisniveau in der Aufgabe, während die anderen Antwortoptionen niedrigere Verständnisniveaus abbilden (Hadenfeldt & Neumann, 2012). An dieser Stelle erfolgt eine für diese Arbeit notwendige Abänderung des Formats, da die Ausprägungsformen der Cognitive Biases keinen Rückschluss auf eine hierarchische Ordnung zulassen. Vielmehr werden die beschriebenen kognitiven Effekte, mit Ausnahme eines Umgangs mit Daten ohne Bias, gleichberechtigt betrach-tet. Innerhalb einer OMC-Aufgabe soll demnach jeweils der Bias erfasst werden, der beim Umgang mit der im Aufgabenstamm dargestellten Daten-Art am ehesten auftritt und so ein Rückschluss auf den Schritt im Datenverarbeitungsprozess ermöglicht wer-den. Dieses Aufgabenformat lässt jedoch lediglich einen Umgang mit second-hand-Da-ten zu, da diese im Aufgabenstamm standardisiert und vorgegeben werden können. Aus diesem Grund entfallen bei dieser Untersuchung der Schritt der Datengenerierung und damit die Erfassung des Experimenter- Bias. Darüber hinaus kann allein mit der OMC-Aufgabe kein Rückschluss über das mögliche Auftreten des Hindsight-Bias getroffen werden, da dieser in Verbindung mit der jeweiligen Schülervorstellung vor und nach der Aufgabenbearbeitung betrachtet werden müsste.

Für die Konzeption der Aufgaben ergibt sich somit die Auswahl von Confirmation-, Expectation-, Anchoring-Bias neben der Bearbeitung ohne Bias für die Formulierung der Antwortoptionen. Ein entsprechender Antwortkatalog wurde in Anlehnung an die Schülerantworten aus den Studien von Chinn und Brewer (1998), Mason (2001) und Lin (2007) zusammengestellt. Zusätzlich wird eine offene Frage an die OMC-Aufgabe an-geschlossen, um die Motivation zur Auswahl der jeweiligen Antwortoption zu erfassen. Abbildung 9 zeigt den Aufbau des konzipierten Aufgabenformats anhand einer Bei-spielaufgabe.

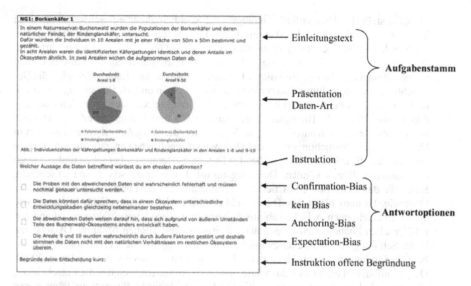

Abb. 9 Exemplarischer Aufbau der OMC-Aufgaben zur Erfassung des Zusammenhangs zwischen Cognitive Biases und Daten-Art

Insgesamt wurden nach diesem Schema sechs Aufgaben konzipiert, wobei die Daten-Art bei jeder hinsichtlich Informationsgehalt (Skalenniveau) und Repräsentationsform variierte (vgl. 4.4.). Daraus ergeben sich die folgenden Aufgabestämme:

- nominal-verbal (NV) und nominal-graphisch (NG)
- ordinal-verbal (OV) und ordinal-graphisch (OG)
- metrisch-verbal (MV) und metrisch-graphisch (MG)

Die graphische Darstellung der Daten erfolgte in Form von Diagrammen und die verbale durch Einbindung der Daten in einen Fließtext.

Dieser formale Aufbau der Aufgaben zur Erfassung eines Zusammenhangs zwischen Cognitive Biases beim Umgang mit Daten und der Daten-Art soll im letzten Konzeptionsschritt in einen biologischen Kontext eingebettet werden, der einerseits unterrichtsrelevant ist und andererseits auf einen Umgang mit Daten zurückgreift.

6.1.2 *Einbettung der Aufgaben in den Kontext „Veränderlichkeit von Ökosystemen"*

Die Kontextualisierung des konzipierten Aufgabenformats erfolgte im Themenfeld „Ökologie". Die Entscheidung für einen ökologischen Kontext kann aufgrund von vielfältigen, positiven Aspekten im Hinblick auf die Fragestellung der vorliegenden Arbeit legitimiert werden.

Erstens stellt das Themenfeld „Ökologie und Nachhaltigkeit" ein Schwerpunktthema im Rahmenlehrplan der Sekundarstufe II des Landes Berlin für das Fach Biologie dar (RLP-Sek. II-Biologie, 2006). Darin wird explizit die Förderung von Kompetenzen im Bereich der Erkenntnisgewinnung mit Hilfe von selbstständigen, wissenschaftlichen Untersuchungen gefordert. Ziel dieser Untersuchungen ist laut Rahmenlehrplan die Beobachtung der Entwicklung von regionalen Ökosystemen und die Bewertung dieser unter Einbezug des Fachwissens zu ökonomischen, ökologischen und sozialen Einflussfaktoren (RLP- Sek. II- Biologie, 2006). Damit erfüllt die Ökologie den Anspruch eines unterrichtsrelevanten Kontextes für die Konzeption der Aufgaben. Zweitens werden in ökologischen Untersuchungen verschiedene wissenschaftliche Untersuchungsmethoden angewendet, die mit einer entsprechenden Datengenerierung einhergehen und zu neuen Erkenntnissen führen können. Der Umgang mit Daten spielt somit eine wesentliche Rolle für das Erwerben eines tieferen Verständnisses von Fachwissen innerhalb der Ökologie. Drittens bietet das Themenfeld die Möglichkeit wesentliche Konzepte wie Wechselbeziehungen zwischen abiotischen und biotischen Umweltfaktoren anhand von schülernahen Phänomenen zu erläutern. Beispielsweise können bekannte Ökosysteme in der Schulumgebung als exemplarische Untersuchungsobjekte dienen, sodass eine nähere Verbindung zwischen Theorie und Praxis geschaffen werden kann (Mayer, 2008). Darauf aufbauend ergibt sich das vierte und letzte Argument, welches die Entscheidung für einen ökologischen Kontext legitimiert hat. Ökologische Phänomene können von den Schüler_innen bereits im Alltag vielfältig beobachtet und gedeutet werden. Dabei werden sie zum Teil von populären Erklärungsansätzen beeinflusst. Aus diesen Begebenheiten können präunterrichtliche Vorstellungen entstehen, die von den wissenschaftlichen Konzepten abweichen können. Davon ausgehend kann in einem ökologischen Kontext, der von solchen Schülervorstellungen betroffen ist, der Umgang mit abweichenden Daten mit Blick auf eine potentielle Theorieänderung untersucht werden.

Schülervorstellungen, die häufig im Themenfeld der Ökologie auftreten, wurden bereits mit Hilfe von verschiedenen fachdidaktischen Studien erfasst (Munson, 1994; Leach, Driver, Scott und Wood-Robinson, 1996; Jelemenska, 2002; Sander, 2003). Sander (2003) und Jelemenska (2003) nutzten dafür das Modell der Didaktischen Rekonstruktion und stellten die beobachteten, lebensweltlichen Vorstellungen von Schüler_innen der Sekundarstufe II zu den Themen „Natur als Einheit" und „ökologisches Gleichgewicht" den wissenschaftlichen Konzepten gegenüber (Tabelle 3).

Tab. 3 Gegenüberstellung der fachdidaktisch untersuchten Schülervorstellungen und den wissenschaftlichen Vorstellungen zum Thema „Ökologisches Gleichgewicht" (vgl. Sander, 2003)

Lebensnahe Schülervorstellung		Wissenschaftliche Vorstellungen	
Konzept	Definition	Konzept	Definition
Konzept vom Gleichge- wicht als na- turgesetzli- cher Zu- stand	Gleichgewicht des Ökosys- tems wird als gleich blei- bender Zustand betrachtet. Störungen führen zu „un- normalen" Übergangssta- dien.	*Konzept der patch-dyna- mics (natürliches Ungleichge- wicht)*	Ökosysteme entsprechen offenen Systemen, die sich durch räumliche Heteroge- nität und Fleckenhaftigkeit auszeichnen. Sie befinden sich in einem permanenten und nicht vorhersehbaren Wandel. Das Erreichen eines Gleichgewichtszustandes in einem Gesamtsystem wird unter diesen Bedin- gungen in Frage gestellt.
Konzept ei- ner gleich bleibenden Natur durch Selbstregu- lation	Aufrechterhaltung des Gleichgewichts durch die Lebensgemeinschaft (=Su- perorganismus) und schein- bar keine Veränderung in von uns beobachtbaren Zeiträumen.	*Konzept von inhärenten „Störungen"*	Lokale Prozesse der Ver- änderungen z.B. durch Feuer, Wind, umfallende Bäume oder grabende Tiere, führen zu natürli- chen Sukzessionen auch ohne Eingriffe des Menschen.
Konzept des Menschen als Stören- fried	Beobachtbare Veränderun- gen werden als vom Men- schen verursacht angenom- men.		

Die Mehrheit der so erfassten Schülervorstellungen entspricht den Prinzipien der klas- sischen Gleichgewichtsökologie nach August Friedrich Thienemann, welche von einem Verständnis einer harmonischen und geordneten Natur ausgeht, in der sich ein biologi- sches Gleichgewicht einstellt. Störungen werden als „unnormale Verhältnisse" angese- hen, die zu Ausnahmen und Übergangsstadien führen. In diesem Sinne wird der Mensch als Störfaktor betrachtet, der durch Eingriffe in die Natur das natürliche Gleichgewicht der Ökosysteme negativ beeinflusst (Sander, 2003). Dem gegenüber steht das gegen- wärtige Konzept der *patch-dynamics* nach Begon et al. (1996) sowie die *Mosaikzyklus-*

theorie nach Remmert (1991), in denen eine Nichtgleichgewichtsauffassung im Zentrum steht (Sander, 2003). Diese Auffassung wird aktuell eher von der eines bestehenden, dynamischen Gleichgewichts in Ökosystemen abgelöst. Man geht davon aus, dass in einem Ökosystem unterschiedliche Entwicklungsstadien gleichzeitig nebeneinander existieren können, die sich durch die jeweils bestehenden biotischen und abiotischen Charakteristika unterscheiden (natürliche Sukzession). Diese „Flecken" eines Ökosystems können durch anthropogene, aber auch natürliche Störungen wie Waldbrände, Stürme und Baumstürze entstehen, sich verändern und verschwinden (Nentwig, Bacher & Brandl, 2012).

Das konzipierte Aufgabenformat wurde darauf aufbauend in den Kontext „Veränderlichkeit von Ökosystemen" eingebettet. Als Grundlage dienten die Ergebnisse ökologischer Untersuchungen von Flechtner (2002; 2004), in denen die Populationsbestände der Tierordnung Käfer (Coleoptera) in einem Buchenwald-Naturreservat erfasst wurden. Dabei konnten Unterschiede in der Art-Zusammensetzung je nach untersuchtem Areal beobachtet werden, die auf Baumstürze (natürliche Störung) zurückzuführen waren. Der Datensatz wurde für die Aufgabenkonzeption reduziert und didaktisch angepasst.

6.2 Erprobung der Aufgaben

Die Erprobung des vorgestellten Aufgabenformats, erfolgte als qualitative Untersuchung in Form des Lauten Denkens. Ziel war zum einen, die erstellten Antwortkategorien in Bezug auf die zugeordneten Biases zu validieren sowie die konzipierten Testaufgaben auf ihre Verständlichkeit hin zu überprüfen. Zum anderen wurden die Ergebnisse aus der Erprobung quantitativ ausgewertet und so erste Tendenzen im Hinblick auf den zu untersuchenden Zusammenhang überprüft.

6.2.1 Stichprobe

Für die Erprobung bearbeiteten drei Studierende im Bachelorstudiengang Biologie mit Lehramtsoption aus dem dritten bzw. fünften Fachsemester der Humboldt-Universität zu Berlin die Aufgaben. Als zweites Fach studierten die Probanden Physik, Chemie und Rehabilitationspädagogik. Die zwei weiblichen Probanden und der männliche Proband waren zum Untersuchungszeitpunkt im Alter von 21, 33 und 23. Ihren allgemeinen Schulabschluss
ʹhaben zwei in Berlin und einer in Münster erlangt, wobei einer der Probanden zusätzlich einen Abschluss sowie Berufsfahrung im Fach Biochemie vorweisen kann

6.2.2 Methode

Die drei Studierenden bearbeiteten für die Erprobung insgesamt alle sechs konzipierten Aufgaben. Dafür wurden drei unterschiedliche Testhefte zusammengestellt, die jeweils

54

zwei Aufgaben mit verschiedenem Skalenniveau der Daten sowie unterschiedlicher Repräsentationsform dieser beinhalteten (vgl. Anhang; Testhefte).

Die Bearbeitung erfolgte in einer ruhigen Umgebung, in der lediglich der Proband und der Testleiter anwesend waren und wurde auditiv aufgezeichnet. Die Probanden erhielten zunächst eine Aufklärung über das Untersuchungsziel sowie eine Instruktion zum Lauten Denken durch den Testleiter (vgl. Anhang; Instruktion zum Lauten Denken). Die Methode des Lauten Denkens wurde gewählt, da es sich dabei um ein etabliertes Mittel in der Lehr- und Lernforschung zur Prüfung der Aufgabengüte und Item-Validierung bei Pilotierungsuntersuchungen handelt. Dabei können Informationen über die Wahrnehmung der Aufgaben durch die Proben gewonnen werden, die Aufschlüsse über deren Verständlichkeit auf sprachlicher sowie inhaltlicher Ebene geben (Sandmann, 2014).

Anschließend an die Bearbeitung der Aufgaben wurden die Probanden zu ihren Vorstellungen zum dargestellten Kontext in einem leitfadengestützten Interview befragt (Niebert & Gropengießer, 2014). Basierend auf Aussagen aus der Bearbeitungsphase wurden vertiefende Nachfragen in Bezug auf das Verständnis über die Veränderlichkeit von Ökosystemen und den Umgang mit Daten gestellt. Die Antworten sollten Aufschluss darüber geben, ob die angenommenen Schülervorstellungen zum ökologischen Kontext (vgl. 5.1.2.) ebenfalls auf die Vorstellungen der Probanden zutreffen. Ziel dieses Vorgehens war die Validierung der Aufgaben im Hinblick auf die zugrunde gelegten Annahmen bei der Konzeption (Mayring, 2010). Darüber hinaus wurden personenbezogene Daten, wie Alter, Herkunft und Studienfach aufgenommen (vgl. Anhang: Interviewleitfaden).

Die Daten aus den Phasen des Lauten Denkens und des leitfadengestützten Interviews wurden für die Auswertung in Anlehnung an die qualitative Inhaltsanalyse nach Mayring (2010) sowie für eine quantitative Analyse zunächst aufbereitet. Im ersten Schritt wurden die Audio- Protokolle mit der Transkriptionssoftware f4 transkribiert (vgl. Anhang: Transkriptionsregeln) und anonymisiert, wobei die Anfangsinstruktion des Testleiters nicht mit einbezogen wurde. Im zweiten Schritt erfolgte eine leichte redaktionelle Bearbeitung der Transkripte mit Blick auf die Fragestellung, wofür die Fragen des Testleiters geglättet und die Aussagen des Probanden in Sinneinheiten unterteilt wurden (Krüger & Riemeier, 2014). Auf diese Weise wurden die Aussagen der Probanden für eine anschließende Kodierung mit der Software MAXQDA vorbereitet, bei der die Sinneinheiten entsprechenden Kategorien zugeordnet werden können, die zur Beantwortung der beiden Forschungsfragen dienen (Hammann & Jördens, 2014). Diese Kategorien sollten laut Hammann und Jördens (2014) Bedeutungsgruppen bilden, die den Kriterien logisch, theoretisch fundiert und disjunkt gerecht werden. Zu diesem Zweck wurden sechs Hauptkategorien mit insgesamt 45 Subkategorien deduktiv aus den theoretischen Grundlagen zu Cognitive Biases, dem Umgang mit Daten und den Schülervorstellungen zum Kontext „Veränderlichkeit von Ökosystemen" (vgl. 3., 4., 5.1.2.) sowie induktiv anhand der Aussagen der Probanden während der Aufgabenerprobung abgeleitet. In einem Kodierleitfaden (vgl. Anhang: Kodierleitfaden) sind die Kategorien samt Definition, Kodierregel und Beispiel zusammengefasst. Der Leitfaden erleichtert so zum einen die Kodierung der Transkripte und macht diese zum anderen transparent. Die Überprüfung der Zuverlässigkeit des Vorgehens erfolgte über die Bestimmung der Interrater-Reliabilität (Krüger & Riemeier, 2014).

Ziel der quantitativen und qualitativen Inhaltsanalyse der Aufgabenerprobung ist eine systematische und theoriegeleitete Analyse, um einerseits konkrete Hinweise für die Optimierung der Aufgaben und andererseits Rückschlüsse in Bezug auf den untersuchten Gegenstand zu erhalten (Mayring, 2010).

7 Ergebnisse

Im Folgenden werden die Ergebnisse der Aufgabenerprobung in Hinblick auf die Inhaltsvalidität des konzipierten Aufgabenformats dargelegt. Der Fokus wird auf die quantitative und qualitative Inhaltsanalyse der Laut-Denken-Protokolle sowie der Aussagen aus dem leitfadengestützten Interview gelegt. Zusätzlich werden die bearbeiteten Testhefte quantitativ ausgewertet und die Reliabilität der Analysemethode geprüft.

7.1 Quantitative Auswertung der Testhefte

Insgesamt wurden sechs Aufgaben von den drei Probanden beantwortet, wobei bei einer Aufgabe zwei Antworten ausgewählt wurden. Diese Mehrfachnennung wurde bei der Auswertung mit berücksichtigt, womit sich eine Gesamtzahl von sieben Antworten ergibt. Da diese Stichprobe für eine ausführliche quantitative Auswertung sehr gering ist, werden ausschließlich die absoluten Häufigkeiten betrachtet. Tabelle 4 zeigt die Wahl der Antwortoption mit entsprechendem Bias je nach Aufgabe und Proband.

Tab. 4 Ergebnisse - gewählte Antwortoption (umkodiert in entsprechenden Bias) pro Aufgabe und Proband

Proband	NG	NV	OG	OV	MG	MV
201410281	/	Anchoring-Bias	/	/	Kein Bias	/
201420282	/	/	Expectation-Bias	/	/	Expectation-Bias & kein Bias
201410291	Kein Bias	/	/	Expectation-Bias	/	/

Die Auswertung der Testhefte ergibt in der Gesamtbetrachtung eine gleichhäufige Wahl von Antwortoptionen, die für einen Expectation-Bias oder für keinen Bias stehen (N=3). Die Antwortoption des Anchoring-Bias wurde einmal von den Probanden gewählt. Der Confirmation-Bias kam dagegen nicht vor.

Betrachtet man die unterschiedlichen Daten-Arten separat, so ergeben sich zwischen den beiden Repräsentationsformen verbal und graphisch sowie den drei Skalenniveaus nominal, ordinal und metrisch Unterschiede in der Wahl der Antwortoptionen. Die Aufgaben, in denen die Daten im Fließtext präsentiert wurden, wurden zweimal mit einem

Expectation-Bias beantwortet. Anchoring-Bias und kein Bias wurden von den Probanden jeweils einmal gewählt. Bei einer graphischen Darstellung der Daten im Diagramm wurden die Aufgaben zu zwei Dritteln ohne erkennbaren Bias und zu einem Drittel in Form eines Expectation-Bias beantwortet. Ein gleiches Verhältnis konnte, aufgrund der Mehrfachnennung, für die Aufgaben mit einem metrischen Skalenniveau aufgenommen werden. Die Aufgaben mit ordinal skalierten Daten wurden mit den Antwortoptionen des Expectation-Bias beantwortet. Die Beantwortung der Aufgaben mit Nominaldaten erfolgte einmal mit dem Anchoring-Bias und einmal ohne Bias.

7.2 Intercoder-Reliabilität

Die folgenden Ergebnisse der Aufgabenerprobung basieren auf der Kodierung der Transkripte mit Hilfe des entwickelten Kodiermanuals. Die Objektivität dieses Analyseinstruments wurde mittels Zweitkodierung eines der Transkripte (201410291) überprüft. Die Übereinstimmung zwischen beiden Kodierungen beträgt 70 % (vgl. Anhang; Tab. A9).

7.3 Inhaltliche Analyse der Protokolle zum Lauten Denken und zum Interview

Die quantitative und qualitative Analyse der Protokolle aus der Aufgabenerprobung (vgl. Anhang; Dokumentkodierungen) unterteilt sich in *Vorstellungen zum Kontext, Begründungen für die Antwortentscheidung, Unterschiede im Schwierigkeitsgrad zwischen den Aufgaben* und *Verständnisprobleme bei der Aufgabenbearbeitung*. Ziel ist die Prüfung der Inhaltsvalidität und damit die Klärung der Fragen, welche kognitiven Überlegungen bei der Bearbeitung der Aufgaben herangezogen wurden und welche Verständnisschwierigkeiten dabei aufgetreten sind (Schmiemann & Lücken, 2014).

7.3.1 Vorstellungen zum Kontext

Die Kodierung der Äußerungen zum Verständnis des Kontextes „Veränderlichkeit eines Ökosystems" erfolgte in die fünf Kategorien *Konzept vom stabilen Gleichgewicht als naturgesetzlicher Zustand, Konzept von Ökosystemen als geschlossene Systeme, Konzept des Menschen als Störenfried, Konzept eines dynamisches Gleichgewichts* und *Konzept von natürlichen „Störungen"*. Die drei erstgenannten Kategorien entsprechen einem naiveren Verständnis, die letzten beiden bilden hingegen wissenschaftsnahe Konzepte ab.

Während der Testerprobung mit Hilfe des Lauten Denkens und des leitfadengestützten Interviews wurden insgesamt 29 Aussagen in Bezug auf Konzepte zum Kontext geäußert. Die Äußerungen der drei Probanden konnten zu 69 % einem wissenschaftsnahen Verständnis zugeordnet werden, 31 % enthielten dagegen naive Vorstellungen. Dieses Verhältnis spiegelt sich ebenfalls in etwa bei einer separaten Betrachtung der drei Probanden wider (Tab. 5).

Tab. 5 Absolute (H) und relative Häufigkeiten (h) der Äußerungen innerhalb der Kategorien zu naiven und wissenschaftsnahen ökologischen Konzepten

Konzepte zum Ökosystem	Alle		201410281		201410282		201410291	
	H	h	H	h	H	h	H	h
naive Konzepte	9	0,31	3	0,33	2	0,19	4	0,36
wissenschaftsnahe Konzepte	21	0,69	6	0,76	7	0,80	7	0,63
Gesamt	**29**	**1,00**	**9**	**1,00**	**9**	**1,00**	**11**	**1,00**

Die Aufspaltung in die einzelnen Kategorien ergibt für die naiven Konzepte relative Häufigkeiten von $h_{stabiles\ GG} = .07$, $h_{geschlossene\ Systeme} = .10$ und $h_{Störenfried} = .14$. Die relativen Häufigkeiten der beiden Kategorien wissenschaftsnaher Konzepte ergeben $h_{dynamisches\ GG} = .45$ und $h_{natürliche\ Störung} = .24$ (vgl. Anhang; Tab. A1). Für eine qualitative Analyse wurden daraus unter anderem folgende Kernaussagen innerhalb der fünf Kategorien extrahiert (vgl. Anhang; Tab. A2):

1) *„Im Ökosystem gibt es einen gewissen Normzustand. "* (Konzept vom stabilen Gleichgewicht als naturgesetzlicher Zustand),

2) *„Ein Ökosystem ist im Idealfall ein geschlossener Raum, in dem vielseitige abiotische und biotische Faktoren in Wechselwirkung stehen. "* (Konzept von Ökosystemen als geschlossene Systeme),

3) *„Äußere Faktoren werden mit negativen, anthropogenen Einflüssen assoziiert wie Rodungen, Baumaßnahmen und Schadstoffen "* (Konzept des Menschen als Störenfried),

4) *„Ökosysteme sind zeitlich veränderliche Systeme, in denen nebeneinander unterschiedliche ökologische Bedingungen herrschen können. "* (Konzept eines dynamisches Gleichgewichts),

5) *„Wasserquellen (Fluss, Tümpel, Teich) in einem Waldökosystem werden als integrierte Nischen betrachtet, die Areale mit unterschiedlichen ökologischen Bedingungen abbilden. "* (Konzept eines dynamischen Gleichgewichts),

6) *„Ursachen für natürliche Störungen werden mit Räuber-Beute-Verhältnissen, jahreszeitlichen Klimaänderungen und Großereignissen wie Blitzeinschlag oder Waldbrand in Verbindung gebracht. "* (Konzept von natürlichen Störungen).

7.3.2 Begründungen für die Antwortentscheidung

Eine Entscheidungsbegründung für die Antwortoption im Zusammenhang mit den Daten wurde für 39 Äußerungen der Probanden kodiert. 52 % innerhalb der Kategorien *Daten - Valide Pro, Abweichende Daten - alternative Ursachen Contra, Abweichende Daten - abgetrennte Ökosystemteile Contra* und *Daten - dynamisches Gleichgewicht Pro*, die für einen Umgang mit Daten ohne Cognitive Bias sprechen. Die Kategorie *Daten - Valide Contra* (Confirmation-Bias) wurde einmal ($h_{Confirmation}$ = .02), die Kategorie *Abweichende Daten - alternative Ursachen Pro* (Expectation-Bias) siebenmal ($h_{Expectation}$ = .16) und die Kategorie *Abweichende Daten - abgetrennte Ökosystemteile Pro* (Anchoring-Bias) ebenfalls einmal kodiert ($h_{Anchoring}$ = .02). Außerdem wurde die Kategorie *Daten - dynamisches Gleichgewicht Contra* in einer Aussage eines Probanden identifiziert ($h_{dynamisches\ GG\ Contra}$ = .02). Unentschlossenheit für die vier Varianten konnte bei 14 % der Äußerungen festgestellt werden. Darüber hinaus begründete ein Proband seine Entscheidung für bzw. gegen die Antwortoptionen zu 11 % anhand von alternativen Überlegungen der Kategorien *Bezug Testumgebung/Schule* und *Ausschlussverfahren* (vgl. Anhang; Tab. A3).

Die folgenden Kernaussagen in den Kategorien zum Umgang mit Daten wurden qualitativ aus den Aussagen der Probanden gebildet (vgl. Anhang; Tab. A4):

7) *„Daten werden als valide betrachtet, weil die Fehlerhaftigkeit dieser ausgeschlossen wird. Dafür werden die Testumgebung, eine Tendenz für die Bewertung der Probengröße als ausreichend oder Intuition zur Begründung herangezogen.“* (Daten - Valide Pro,),

8) *„Es besteht Unsicherheit darüber wann Daten valide sind oder nicht.“* (Daten - Valide Unentschlossen),

9) *„Die abweichenden Daten ergeben sich durch äußere Störungen, wobei Kontextwissen und Intuition als Begründung angebracht werden.“* (Abweichende Daten - alternative Ursachen Pro),

10) *„Abweichende Daten aufgrund von äußeren Faktoren werden abgelehnt, da sie für ein fehlerhaftes Untersuchungsdesign sprechen würden, welches aufgrund des Aufgabenformats ausgeschlossen wird.“* (Abweichende Daten - alternative Ursachen Contra),

11) *„Die Begründung der abweichenden Daten mit abgetrennten Teilen des Ökosystems wird aufgrund der Vorstellung eines fleckenhaften Ökosystems abgelehnt.“* (Abweichende Daten - abgetrennte Ökosystemteile Contra),

12) *„Abweichende Daten sollten nicht bestätigend für die Hypothese ausgelegt, sondern wissenschaftlich diskutiert werden.“* (Daten - dynamisches Gleichgewicht Pro),

13) *„Die Daten sprechen für unterschiedliche Entwicklungsstadien im Ökosystem.“* (Daten - dynamisches Gleichgewicht Pro),

14) *„Die Daten spiegeln nicht wider, ob es sich um unterschiedliche Entwicklungsstadien handelt, auch wenn es theoretisch richtig ist.* " (Daten - dynamisches Gleichgewicht Contra),

15) *„Werden Daten in einer Testsituation dargestellt, wird diesen eine generelle Validität zugeschrieben.* " (Bezug Testumgebung/Schule),

16) *„Die Entscheidung für einen Umgang mit den Daten erfolgte nach Ausschlussverfahren mittels logischen Denkens und Intuition.* " (Ausschlussverfahren).

Zusammenhänge zwischen der Antwortentscheidung für die jeweilige Aufgabe und den begründenden Aussagen zum Kontextwissen, zum Umgang mit Daten oder zu anderen Überlegungen wurde über das Dokument-Portrait der Laut-Denken-Protokolle visualisiert (vgl. Anhang; Abb. A1).

Das Portrait des Protokolls von Proband 201410281 zeigt im Abschnitt der ersten Antwortentscheidung einen hohen Anteil von Aussagen zur Unentschlossenheit in Bezug auf die Antwortoptionen. Außerdem werden Aussagen zum Umgang mit Daten ohne Bias direkt vor sowie alternative Überlegungen (Testumgebung, Schulbezug) direkt nach der ersten Entscheidung geäußert. In diesem Abschnitt konnten ebenfalls Aussagen zum Kontext mit wissenschaftsnahen Konzepten aufgezeichnet werden. Bei der ersten Aufgabe handelte es sich um nominal skalierte Daten, die im Fließtext repräsentiert wurden (NV), die zweite Aufgabe beinhaltete dagegen graphisch dargestellte und metrisch skalierte Daten (MG). Im visualisierten Protokoll des Probanden sind direkt vor der Entscheidung für die Antwort zur zweiten Aufgabe wieder Äußerungen, die für einen Umgang mit den Daten ohne Bias sprechen sowie direkt danach alternative Überlegungen zu erkennen. Im Vergleich zur ersten Beantwortung wurden keine Aussagen kodiert, die für eine Unentschlossenheit den Antwortoptionen gegenüber sprechen. Es wurden außerdem wissenschaftsnahe Aussagen sowie Überlegungen mit Einbezug des Vorwissens zum ökologischen Kontext geäußert.

Im Protokoll-Portrait des Probanden 201410282 sind vor der Antwortentscheidung der ersten Aufgabe einerseits Aussagen der Kategorie *Umgang mit Daten ohne Bias* und andererseits Aussagen der Kategorie *Abweichende Daten - alternative Ursachen Pro*, denen der Expectation-Bias zugrunde gelegt wurde, zu erkennen. Ebenfalls dargestellt sind Äußerungen zu wissenschaftsnahen Konzepten über die „Veränderlichkeit von Ökosystemen". In dieser Aufgabe wurden metrisch skalierte Daten verbalisiert im Fließtext (MV) dargestellt. Im Protokollabschnitt der zweiten Aufgabe sind neben Aussagen über den Umgang mit den Daten ohne Bias und mit Expectation-Bias, ebenfalls einige Aussagen mit Anchoring-Bias nach der Entscheidung für eine Antwortoption zu erkennen. Darüber hinaus wurden Aussagen zum Kontext in Form wissenschaftsnaher Konzepte sowie des Vorwissens geäußert. Zu Beginn dieses Abschnitts wurden außerdem Äußerungen der Kategorie *Daten - dynamisches Gleichgewicht Contra* kodiert. Bei der zweiten Aufgabe handelte es sich um graphisch dargestellte Daten einer Ordinalskala (OG).

Das Protokoll-Portrait im Hinblick auf die Begründung für die Antwortentscheidung des Probanden 201410291 zeigt im ersten Abschnitt direkt vor der Entscheidung Äußerungen der Unentschlossenheit über die Antwortoptionen. Nach der Entscheidung für eine Antwort zum Umgang mit den verbal dargestellten, ordinalskalierten Daten (OV), wurden Aussagen der Kategorie *Abweichende Daten - alternative Ursachen Pro* geäußert. Im Abschnitt der Beantwortung der zweiten Aufgabe mit nominal skalierten, graphisch repräsentierten Daten (NG) sind Aussagen zum Umgang mit Daten ohne Bias direkt an die Antwortentscheidung zu erkennen. Außerdem wurden in diesem Protokollabschnitt wissenschaftsnahe Äußerungen zum Kontext identifiziert.

7.3.3 Unterschiede im Schwierigkeitsgrad zwischen den Aufgaben

In Bezug auf den zu untersuchenden Zusammenhang zwischen auftretenden Cognitive Biases und der Daten-Art konnten mit Hilfe der Laut-Denken- und Interview-Protokolle 24 Aussagen der Probanden kodiert werden. Davon wurden 42 % der Kategorie *Schwierigkeiten Daten im Fließtext* sowie 29 % der Kategorie *Pro graphische Darstellung* zugeordnet. Äußerungen zu Schwierigkeiten mit der graphischen Darstellung oder positiven Aspekten der Daten im Fließtext konnten mit einer relativen Häufigkeit von $h = .12$ von zwei der drei Probanden identifiziert werden. Es wurde außerdem eine Aussage der Kategorie *Schwierigkeitsgrad identisch* ($h_{identisch} = .04$) zugewiesen. Darüber hinaus bezog ein Proband 17 % seiner Aussagen zu Unterschieden im Schwierigkeitsgrad der Aufgaben auf eine schulbezogene, alternative Begründung. Keine der Äußerungen der Probanden konnte einer der drei Kategorien mit einem Bezug zum Skalenniveau zugeordnet werden (vgl. Anhang: Tab. A5).

Betrachtet man die Äußerungen in den visualisierten Dokument-Portraits während der Aufgabenbearbeitungsphase, so sind bei allen drei Probanden ausschließlich Aussagen der Kategorien *Schwierigkeiten Daten im Fließtext* und *Pro graphische Darstellung* zu erkennen. Diese wurden außerdem vorrangig im ersten Abschnitt bzw. zu Beginn des zweiten Abschnitts geäußert, also während die Aufgabe mit den im Fließtext repräsentierten Daten bearbeitet wurde und wenn die graphische Darstellung in der zweiten Aufgabe wahrgenommen wurde (vgl. Anhang; Abb. A2).

Qualitativ betrachtet lassen sich diese Äußerungen auf die wesentlichen Kernaussagen zusammenfassen (vgl. Anhang; Tab. A6):

17) „Es fällt schwer sich die Daten aus dem Fließtext zu merken und im Kontext mit den Fachwörtern zu verstehen.",

18) „Durch den Text in der ersten Aufgabe war die zweite leichter zu verstehen."

19) „Die Graphik veranschaulicht die wesentlichen Informationen ohne viel Text und kann leichter auf einen Blick erfasst werden.",

20) „Der Schwierigkeitsgrad wird mit Blick auf die Aufgabenbezeichnung als unterschiedlich assoziiert und auf entsprechende Schulstufen bezogen."

7.3.4 Verständnisprobleme bei der Aufgabenbearbeitung

Die Analyse der Laut-Denken-Protokolle sowie der Interviewaussagen ergab, dass von den drei Probanden insgesamt 31 Äußerungen Schwierigkeiten oder Problemen bei der Aufgabenbearbeitung zugeordnet werden konnten (vgl. Anhang; Tab. A7). Davon beziehen sich 13 % auf Schwierigkeiten aufgrund des Lauten Denkens, 55 % auf Hinweise zu Optimierungsbedarf der Aufgaben (Kategorien: *Wechselwirkung zwischen Aufgaben, Beantwortung unabhängig von Daten* und *Ähnlichkeit Antwortoptionen*) und 32 % auf Verständnisprobleme der Aufgabenstellung (Kategorien: *Schwierigkeiten Fachwörter/-begriffe, Fehler in Aufgabe* und *Formulierung Antwortoption*). Aus den Äußerungen der Probanden lassen sich unter anderem die folgenden fünf Kernaussagen qualitativ ableiten (vgl. Anhang; Tab. A8):

Verständnisproblem

21) „Die genaue Definition von äußeren Faktoren, phytophag und valide sind unbekannt und beeinflussen die Entscheidung für die Antwortoptionen.",

22) „Eine richtige Antwortoption, in der die Daten als fehlerhaft gelten sollen entspricht in dem Kontext Willkür.",

Optimierungsbedarf

23) „Mehrere Antwortoptionen könnten richtig sein und widersprechen sich kaum.",

24) „Die genauen Zahlen wurden nicht in die Beantwortung der Frage mit einbezogen.",

25) „Die Informationen der zweiten Aufgabe wurden für die Beantwortung nicht mit einbezogen sondern nur das Vorwissen aus der ersten.".

Anhand des Dokument-Portraits des Protokolls von Proband 201410281 erkennt man, dass im ersten Abschnitt ein hoher Anteil an Verständnisproblemen direkt vor Aussagen in Bezug auf eine Unentschlossenheit für die Antwortoptionen geäußert wird. Im zweiten Abschnitt, welcher der Beantwortung der zweiten Aufgabe (MG) entspricht, sind sowohl Verständnisprobleme als auch Hinweise auf Fehler die Konzeption betreffend erkennbar. Im visualisierten Protokoll des Probanden 201410282 sind Äußerungen zum Umgang mit Daten der Kategorie *Daten – dynamisches Gleichgewicht Contra* von Aussagen zu Verständnisproblemen eingeschlossen. Solche Aussagen sind vorrangig im zweiten Abschnitt des Protokolls sichtbar, in dem die zweite Aufgabe (OG) bearbeitet wurde. Der Proband 201410291 äußerte während der Aufgabenbearbeitung hingegen ausschließlich Aussagen, die auf Optimierungsbedarf hindeuten, wobei diese wiederum im zweiten Protokollabschnitt (Aufgabe NG) kumulieren (vgl. Anhang; Abb. A3).

8 Diskussion

Die erste Forschungsfrage, inwiefern sich die Theorie der Cognitive Biases als kognitionspsychologischer Erklärungsansatz für Defizite von Schüler_innen beim Umgang mit Daten eignet, wurde theoriebasiert in Kapitel 4 beantwortet. Dabei konnte gezeigt werden, dass Bestätigungstendenzen in verschiedenen Schritten während der Verarbeitung von Daten auftreten und somit differenziert betrachtet werden sollten. Das aufgestellte Modell, welches den Schritten des Datenverarbeitungsprozesses assoziierte Cognitive Biases zuordnet (vgl. 4.3.; Abb. 7), bietet eine mögliche Grundlage für zukünftige Forschungsansätze, um diese Phänomene auf einer kognitionspsychologischen Ebene näher zu betrachten.

Für die Beantwortung der zweiten Forschungsfrage, inwiefern die konzipierten Aufgaben zur Testung eines möglichen Zusammenhangs zwischen dem Auftreten von Cognitive Biases beim Umgang mit Daten und der Daten-Art geeignet sind, wird im Folgenden die verwendete Methode zur Aufgabenerprobung kritisch betrachtet. Daran anschließend werden die vorgestellten Ergebnisse aus der Erprobung im Hinblick auf die Fragestellung diskutiert.

8.1 Lautes Denken als Methode zur Aufgabenerprobung

Für die Erprobung der konzipierten Aufgaben wurde das Format des Lauten Denkens gewählt. Der Vorteil bestand darin, die kognitiven Prozesse während der Bearbeitung aufnehmen zu können und damit die Inhaltsvalidität der Aufgaben zu prüfen. Außerdem konnten trotz einer geringen Probandenzahl (N=3) qualitative Ergebnisse anhand der Anzahl an kodierten Aussagen (N=209) gewonnen werden (Sandmann, 2014).

Die drei Probanden verbalisierten ihre Gedanken durchgängig laut, sodass keine Erinnerung von Seiten des Testleiters nötig war. Dennoch äußerten sie Probleme mit der Methode, die vor allem im Zusammenhang mit dem lauten Lesen der Aufgabenstellung und dem gleichzeitigen Durchdenken des Inhalts standen (vgl. Anhang; Tab. A7 & A8). Sandmann (2014) führt den Aspekt der Beeinträchtigung von kognitiven Prozessen durch das Laute Denken ebenfalls als eine Grenze der Methode an. Darüber hinaus muss davon ausgegangen werden, dass nicht alle Gedanken während der Aufgabenbearbeitung verbalisiert wurden und Teile des Entscheidungsprozesses unbewusst stattfanden. Die testartige Umgebung der Erprobung schien ebenfalls Einfluss auf die Beantwortung der Aufgaben gehabt zu haben, was anhand der Kernaussage[4] 15 deutlich wird.

Die Intercoder-Übereinstimmung von 70 % kann nach Bortz und Döring (2009) als gut eingestuft werden. Das bedeutet, dass die Kategorisierung der Aussagen mittels des aus

---

[4] Im Folgenden wird die Abkürzung KA für den Begriff Kernaussage verwendet.

der Theorie entwickelten und induktiv angepassten Kodiermanuals als objektive Analysemethode betrachtet werden kann. Dabei sollte jedoch eine gezielte Optimierung der Kodierung durch diskursive Validierung für eine zukünftige Verwendung erfolgen. Mit der Methode des Lauten Denkens war es möglich, Einblicke in die Wahrnehmung der konzipierten Aufgaben zu gewinnen, die Aufschluss über weitere Forschungsansätze geben können. Die Diskussion der generierten Ergebnisse aus der Aufgabenerprobung sollte somit unter diesen Gesichtspunkten betrachtet und die daraus abgeleiteten Schlussfolgerungen als Tendenzen angesehen werden.

8.2   Aufgabenerprobung

8.2.1   Kontext der Aufgabe

Die Kontextualisierung der Aufgaben erfolgte unter der Annahme, die wissenschaftsnahe Theorie eines dynamischen, ökologischen Gleichgewichts mit Daten zu unterlegen und damit gleichzeitig die alltagsnahe Vorstellung der Schüler_innen eines stabilen Gleichgewichts anzuzweifeln. Dadurch sollte in der Aufgabe die Grundlage für den Umgang mit abweichenden Daten gelegt werden, sodass die Beurteilung dieser und eine gegebenenfalls stattfindende Theorieänderung untersucht werden können. Damit die generierten Daten aus der Aufgabenerprobung mit Blick auf den zugrunde gelegten Zusammenhang diskutiert werden können, müssen vorher die Vorstellungen der Probanden zum Kontext mit Blick auf diese Annahme beleuchtet werden.

Bei den drei Probanden handelte es sich um Biologiestudierende im Bachelorstudiengang mit Lehramtsoption, sodass man bei diesen von einem hohen Fachwissen in der Biologie ausgehen kann. Dies zeigt sich darin, dass ein hoher Anteil der Aussagen zum Kontextwissen „Veränderbarkeit von Ökosystemen" den wissenschaftsnahen Konzepten entspricht. Beispielsweise wurde das Konzept eines Ökosystems als dynamisches und fleckenhaftiges System von allen drei Probanden befürwortet. Dabei ist jedoch auffällig, dass die Aussagen zum großen Teil keine fachwissenschaftlichen Erläuterungen enthalten, sondern einzig Bestätigungen für die Antwortoption darstellen (vgl. 6.1., KA 4). Außerdem konnten auch die von Sander (2003) beschriebenen naiven Vorstellungen identifiziert werden. Zum Beispiel werden Störungen des Ökosystems zunächst mit anthropogenen Einflüssen assoziiert sowie natürliche „Störungen" als Abweichung von einer „Norm" verstanden. Interessant ist hier, dass autonome Ökosysteme wie Flüsse oder Teiche als integrierte Nischen innerhalb eines anderen, hier dem Wald, verstanden und ebenfalls mit natürlichen „Störungen" in Verbindung gebracht werden (vgl. 6.1., KA 5). Man kann also von einer Mischung zwischen alltags- und wissenschaftsnahen Konzepten bei den drei Probanden ausgehen, sodass der Kontext für die Darstellung abweichender Daten als geeignet eigestuft werden kann.

8.2.2 Zusammenhang zwischen Cognitive Biases und der Daten-Art

Es erscheint aufgrund der geringen Stichprobe wenig aussagekräftig zu sein, Schluss-folgerungen aus der quantitativen Auswertung der Testhefte zu ziehen. Aus diesem Grund werden die daraus gewonnenen Tendenzen lediglich kurz zusammengefasst und dann auf die qualitative Analyse der Laut-Denken-Protokolle unter dem Gesichtspunkt der Inhaltsvalidität der Aufgaben bezogen.

Vergleicht man die Antworten der Probanden in Bezug auf die verschiedenen Daten-Arten, so ergibt sich im Vergleich zwischen den beiden Repräsentationsformen verbal im Fließtext und graphisch im Diagramm die Tendenz eines geringeren Einflusses von Bestätigungstendenzen im Umgang mit den graphisch dargestellten Daten. Während diese vorwiegend mit der Antwortoption ohne Bias beantwortet wurden, entschieden sich die Probanden bei den verbalen Daten öfter für die Option, der der Expectation-Bias zugrunde gelegt wurde. Der Ergebnisunterschied zwischen den drei verschiedenen Skalenniveaus der Daten ergibt ein weniger eindeutiges Bild. Die nominal und metrisch skalierten Daten führten tendenziell zu Entscheidungen für die Antwortoption ohne Bias, wobei bei ersterer ebenfalls die Option mit Anchoring-Bias gewählt wurde. Da-hingegen entschieden sich die Probanden bei den beiden höheren Skalenniveaus ordinal und metrisch mit einer gewissen Tendenz zum Expectation- Bias. Diese Ergebnisse kön-nen als Hinweis auf den angenommenen Zusammenhang zwischen dem Auftreten von Cognitive Biases und der Daten-Art gedeutet werden, da trotz ähnlicher Formulierungen zwischen den einzelnen Aufgaben unterschiedliche Antworten gewählt wurden.

Bezieht man die qualitative Analyse mit ein, so wird deutlich, dass vor allem die Un-terschiede zwischen den Aufgaben aufgrund der Repräsentationsform der Daten wahr-genommen wurden. Dieses Ergebnis erscheint nachvollziehbar, da es sich hierbei um einen offensichtlichen, visuellen Unterschied handelt, der bereits ohne eine inhaltliche Auseinandersetzung mit der Aufgabe erfasst werden kann. Außerdem zeigt sich dadurch, dass die analoge Darstellung der Daten die Verarbeitung dieser im gegebenen Kontext im Gegensatz zur Repräsentation im Fließtext erleichtert hat. Mit der verbalen Darstellungsform gingen ebenfalls die Äußerungen zur Unentschlossenheit die Antwor-toptionen betreffend einher. Dies wird auch durch kognitionspsychologische Theorien beschrieben, die besagen, dass eine detaillierte Enkodierung von Textinformationen mehrerer Schritte der Erschließung bedarf (Schnotz, 2008). Dahingegen können erste Eindrücke bildlicher Darstellungen schneller verarbeitet werden, wenn auch zunächst oberflächlich (Schnotz & Bannert, 1999). Nach Lachmayer (2008) werden für eine in-tensivere Informationsentnehme aus den Diagrammen entsprechende Kompetenzen ge-fordert, die ebenfalls zu Problemen führen können. Zwar kann dies mit den Ergebnissen dieser Untersuchung nicht bestätigt werden, jedoch besteht ein möglicher Grund in der Wechselwirkung zwischen den Aufgaben, was in 8.2.4. (Optimierungsbedarf der Auf-gabe) konkreter beleuchtet wird.

Des Weiteren konnten keine Aussagen identifiziert werden, die für eine Wahrnehmung des unterschiedlichen Informationsgehalts durch die jeweiligen Skalenniveaus gespro-chen haben. Jedoch wurde von einem Probanden ein Informationsunterschied zwischen den Aufgaben geäußert, mit dem dieser seine Änderung der Antwort zwischen den bei-den Aufgaben begründet:

„Ansonsten, äh, die zweite Variante. Also die zweite Aufgabe. Äh, das hingegen ist ja eigentlich nicht unbedingt zeitabhängig (201410291; 49)."

Der Proband nimmt hier einen zusätzlichen zeitlichen Aspekt innerhalb der ersten Aufgabe an, bei der es sich um ordinal skalierte und verbal dargestellte Daten handelt. In der zweiten Aufgabe, mit nominal skalierten und graphisch dargestellten Daten, ist diese Information laut diesem nicht enthalten. Interessant ist, dass die Suggestion dieser zusätzlichen, zeitlichen Komponente anscheinend durch die Formulierung der Antwortoptionen entstanden ist, da der Aspekt erst durch die Erklärung des Begriffs einer „Störung" im Ökosystem aufgekommen ist. Dieses Beispiel verdeutlicht, dass neben der Daten-Art weitere Faktoren Einfluss auf die Antwortentscheidung gehabt haben können. Aufschluss darüber gibt die Prüfung der Inhaltsvalidität der konzipierten Aufgaben.

8.2.3 Inhaltsvalidität

Mit Hilfe der Ergebnisse aus den Laut-Denken-Protokollen können Aussagen darüber getroffen werden, welche kognitiven Prozesse und Argumente bei der Entscheidung für einen Umgang mit den Daten von den Probanden einbezogen wurden.

Anhand der Dokument-Portraits wird erkennbar, dass im Zusammenhang mit der Antwortentscheidung vorrangig Aussagen mit einem Bezug zum Umgang mit Daten oder aber zu den Vorstellungen zum Kontext geäußert wurden (vgl. Anhang; Abb. A1). Dabei sollte beachtet werden, dass die Äußerungen zum Umgang mit den Daten vor allem Beurteilungen der Antwortoptionen darstellen und somit tendenziell Entscheidungen via Ausschlussverfahren stattfanden (KA7 & 16). Die Kernaussagen 9, 11 und 13 zeigen darüber hinaus, dass die Daten im Lichte des Kontextwissens beurteilt werden und generelle Argumente eines wissenschaftlichen Umgangs mit Daten eine untergeordnete Rolle zu spielen scheinen. Lediglich die Kernaussagen 8 und 12, die sich auf drei Aussagen beziehen, spiegeln allgemeingültige Vorstellungen zum Umgang mit Daten wider. Während der Aufgabenbearbeitung schien also die Beurteilung der Antwortoptionen und weniger die der Daten selbst im Zentrum gestanden zu haben. Geht man davon aus, dass die Probanden mit Mischvorstellungen aus alltags- und wissenschaftsnahen Konzepten zum Kontext an die Aufgaben herangegangen sind (KA1 bis 6), so wurden die vier Optionen entsprechend dieser Vorstellungen verarbeitet und bewertet. Dabei wurde die Antwortoption, in der die Fehlerhaftigkeit der Probe oder der Untersuchungsbedingungen beschrieben wurde, in der Tendenz schnell ausgeschlossen (KA 7 & 10). Grund dafür scheint die Herkunft der Daten zu sein, bei denen es sich um Sekundärdaten handelt, deren Generierung aus einer wissenschaftlichen Untersuchung suggeriert wird. Diese Charakteristika führen zu einer höheren, generellen Glaubwürdigkeit der Daten, die von Schüler_innen oft als autoritär wahrgenommen werden (Hug & McNeill, 2008). Aus diesem Grund wird die Fehlerhaftigkeit als Möglichkeit vorwiegend ausgeschlossen, wobei das testartige Umfeld der Aufgabenbearbeitung ebenfalls als Argument vorgetragen wurde.

Die Antwortoption, die die abweichenden Daten mit äußeren Störungen erklärte, wurde dann als Möglichkeit einbezogen und interpretiert, wenn die Art der Störungen in eigene Vorstellung passten (KA 9). Generelle Zustimmung erhielt die Antwortoption mit dem wissenschaftsnahen Konzept des dynamischen Gleichgewichts. Bei dieser handelt es sich um eine Bestätigung für die Vorstellungen zum Kontext der drei Probenden, welche sich tendenziell positiv zu dieser Option äußerten und sich dafür dann auch entschieden (KA 13). Die Antwortoption, in der eine Teilung des Ökosystems in zwei getrennte Systeme beschrieben wird, wurde hingegen meist abgelehnt, wobei der Grund wahrscheinlich in der Ähnlichkeit zur Antwortoption mit dem dynamischen Gleichgewicht zu sehen ist, die stärker mit den Vorstellungen übereinstimmt (KA 11). Diese Beobachtungen können auf Bestätigungstendenzen hindeuten, welche sich durch das vorgegebene, geschlossene Aufgabenformat womöglich auf die Antwortoptionen und dem darin beschriebenen Kontext fokussierten und nicht auf den eigentlichen Beurteilungsgegenstand, den Daten (Bortz & Döring, 2009).

Im Gegensatz dazu erscheinen die beiden Äußerungen zu *Daten - dynamisches Gleichgewicht Contra* und *Unentschlossen* besonders interessant. Hier werden konkrete Bezüge zu den Daten für die Beurteilung der Antwortoption hergestellt, wobei das darin beschriebene ökologische Konzept bestätigt wird, jedoch die Daten als Beweis dafür angezweifelt bzw. abgelehnt werden. Das könnte darauf hinweisen, dass aufgrund der Vorgabe der Daten die Authentizität des Zusammenhangs zwischen diesen und dem dargestellten Kontext erschwert wurde. Durch eine höhere Identifizierung der Probanden mit den Daten und der verwendeten Untersuchungsmethode zur Datengenerierung könnte dem entgegengewirkt werden (Hug & McNeill, 2008). Aus den Kernaussagen 8 und 14, in denen die Daten ebenfalls direkt beurteilt werden, lassen sich außerdem Unsicherheiten im Umgang mit Daten und ihrer Charakterisierung ableiten. Es wird deutlich, dass Kriterien für den Ausschluss und die Interpretation von Daten nicht geläufig sind bzw. konkret angewendet werden können. Dabei scheinen vor allem die Fragen, wann Daten valide sind und wann nicht, sowie welche Informationen man aus welchen Daten ziehen kann, eine Rolle zu spielen. Damit wird die Relevanz des Themas Umgang mit Daten und eine damit verbundene Förderung dieser Kompetenz im naturwissenschaftlichen Unterricht erneut deutlich.

8.2.4 Optimierungsbedarf der Aufgaben

Die hauptsächlichen Schwachpunkte des konzipierten Aufgabenformats ergeben sich demnach zum einen durch das geschlossene Antwortformat und zum anderen durch die Kontextualisierung der Antwortoptionen. Diese beiden Faktoren führen zu einer starken Lenkung der kognitiven Prozesse bei der Aufgabenbearbeitung. Die Interpretation der Daten wird im Prinzip vorgegeben, wodurch der Schritt der selbstständigen Datenauswahl vorweggenommen und eine derartige Antwortoption im Vornherein ausgeschlossen wird. Zusätzlich werden die Antwortentscheidungen durch Ausschlussverfahren dank logischem Denken und Kontextwissen erleichtert und so der konkrete Umgang mit den Daten umgangen. Bei der Auswertung der beantworteten Aufgaben wird dadurch ein direkter Rückschluss auf die zugrunde gelegten Cognitive Biases erschwert. Um dieser Problematik entgegen zu wirken, scheint eine Öffnung des Antwortformats sinnvoll zu sein. Beispielsweise könnten mehr als zwei Datensätze im Aufgabenstamm vorgegeben werden, sodass die vom Probanden als relevant eingestuften Daten in einem halboffenen Format selbstständig ausgewählt und interpretiert werden müssen. Ebenfalls interessant wäre es die Schüler_innen selbst in einem Untersuchungsprozess die Daten generieren, auswählen und interpretieren zu lassen. So könnten Herkunftseffekte der Sekundärdaten ausgeschlossen und der persönliche Bezug zu den Daten erhöht werden.

Darüber hinaus konnten weitere Anhaltspunkte für eine Optimierung der Aufgabenverständlichkeit gewonnen werden. Erstens äußerten die Probanden teilweise Probleme mit den verwendeten Fachwörtern wie „phytophag" oder „valide", was durch eine Fehlinterpretationen dieser ebenfalls zur Beeinflussung der Antwortentscheidung führen kann (KA 21). Zweitens wurden die Antwortoptionen in ihrer Formulierung als sehr ähnlich wahrgenommen, sodass die Entscheidung zwischen zwei Möglichkeiten zum Teil erschwert war. Vor allem die Formulierungen der Antworten, die den Anchoring-Bias und kein Bias beinhalteten sollten diskreter konzipiert werden. In der Aufgabe MV führte dies beispielsweise zur Mehrfachauswahl dieser beiden Antwortoptionen. Dabei ist jedoch zu beachten, dass vor allem kontextuelle Inhalte für diese Beurteilung unter Betracht gezogen wurden (KA 23). Drittens wurden für die graphische Repräsentation der Daten verschiedene Diagrammtypen je nach Skalenniveau verwendet. Dabei könnten ebenfalls Unterschiede zwischen Balken-, Säulen- und Kreisdiagramm bestehen, die Einfluss auf die Wahrnehmung und die Extraktion der Daten haben könnten (Lachmayer, 2008). Viertens sollte zukünftig darauf geachtet werden, dass die Angaben der Daten im Fließtext einheitlich verwendet werden. Hier wurde von den Probanden angemerkt, dass in einem Fall eine Gesamtzahl angegeben wurde und im anderen die einzelnen Zahlen. Bei der Konzeption bestand die Annahme, dass die Summe der Einzelangaben selbstständig erschlossen werden würde, davon sollte im Sinne einer besseren Verständlichkeit abgesehen werden. Fünftens floss die Bezeichnung der Aufgaben bei einem Probanden ebenfalls in die Beurteilung des Schwierigkeitsgrades der jeweiligen Aufgabe ein, indem Assoziationen mit Blick auf die Eignung der Aufgabe je nach Schulstufe ausgelöst wurden. Als letztes seien die Reihungseffekte zu erwähnen, auf die die Aussagen zu Wechselwirkungen zwischen den Aufgaben und zur datenunabhängigen Entscheidung hindeuten (Kernaussage 4, 5). Da es sich bei den erprobten Aufgaben um Prototypen handelt, die in den gleichen Kontext eingebettet wurden, waren diese Effekte zu erwarten. Durch die Erweiterung auf andere biologische Kontexte sowie weitere naturwissenschaftliche Fächer kann von einer Reduktion dieser Reihungseffekte ausgegangen werden.

Dank der Methode des Lauten Denkens während der Aufgabenerprobung konnten folgende Kriterien für die Verbesserung der konzipierten Aufgaben zur Untersuchung des Zusammenhangs zwischen Cognitive Biases beim Umgang mit Daten und der Daten-Art abgeleitet werden:

- Öffnung des Antwortformats
- Verwendung von Primärdaten
- Diskretere Formulierungen für Anchoring-Bias und kein Bias

- Weglassen redundanter Informationen (offensichtliche Aufgabenbezeichnungen)
- Verwendung gleicher Diagrammtypen und gleicher Datenangaben im Fließtext
- Meidung von verwirrenden Fachwörtern durch Verwendung der deutschen Fachbegriffe
- Größeres Repertoire an Aufgaben mit unterschiedlichen Kontexten

9 Fazit und Ausblick

Die Betrachtung der Ergebnisse der theoretischen Ausarbeitung sowie der Aufgabener-probung ermöglicht die Beantwortung der beiden Forschungsfragen und gibt gleichzei-tig Anreize für weiterführende Forschungsansätze im Themengebiet der Cognitive Bia-ses beim Umgang mit Daten.

Zum einen bietet die Theorie der Cognitive Biases als kognitionspsychologischer Er-klärungsansatz für die Reaktionen von Schüler_innen auf abweichende Daten und die damit verbundenen Defizite im Umgang mit Daten ein hohes Potential für die weitere Forschung in diesem Bereich (Erste Forschungsfrage). Die beschriebenen Bestätigungs-tendenzen konnten während der Aufgabenerprobung bei den Probanden beobachtet wer-den, auch wenn sie sich aufgrund des Aufgabenformats auf die Beurteilung der Antwor-toptionen und weniger der Daten selbst bezogen. Dennoch wird daran deutlich, dass ein Verständnis dieser Phänomene des Informationsverarbeitungsprozesses im schulischen Kontext von Bedeutung sein könnte. Interessant wären dahingehend die Validierung des aufgestellten Modells der Cognitive Biases im Datenverarbeitungsprozess sowie die Vertiefung der Theorie zu kognitiven Prozessen bei der Informationsverarbeitung. Ein Ziel könnte die Entwicklung von Präventionen der Cognitive Biases beim Umgang mit Daten bilden, die sich speziell an den entsprechenden Bias im Verarbeitungsprozess richtet. Bisherige Forschungsansätze der Kognitionspsychologie konnten vor allem po-sitive Ergebnisse durch direkte Sensibilisierung für den jeweiligen Bias zeigen (Nicker-son, 1998; Arkes et al., 1988). Risinger und Saks (2002) bezeichnen diese Lehre bei-spielsweise als "science of science", welche inhaltliche Gemeinsamkeiten mit dem „Na-ture of Science"- Ansatz in den naturwissenschaftlichen Fächern zeigt. Jedoch bleibt die Frage nach der Nachhaltigkeit dieser Maßnahmen und einer unterschiedlichen Effekti-vität je nach Bias im Datenverarbeitungsprozess offen.

Zum anderen konnten die auf der Theorie basierenden, konzipierten Aufgaben auf ihre Eignung zur Erfassung eines möglichen Zusammenhangs zwischen der Daten-Art und dem Auftreten eines Cognitive Bias im Umgang mit den Daten erprobt werden (Zweite Forschungsfrage). Dabei wurde gezeigt, dass die Beantwortung der Aufgaben aufgrund des geschlossenen Antwortformats ebenfalls von anderen Faktoren wie dem Kontext-wissen oder dem Ausschlussverfahren abhing (Bortz & Döring, 2009). Damit ist ein direkter Rückschluss auf die zugrundeliegenden Cognitive Biases nicht möglich, sodass das Untersuchungsformat überdacht werden sollte. Für weiterführende Studien scheint ein offenes Aufgabenformat sinnvoller zu sein. Beispielsweise bieten selbstgesteuerte Experimentieraufgaben die Möglichkeit, dass die Schüler_innen die Daten selbst gene-rieren, auswählen und dann interpretieren, womit gleichzeitig der individuelle Bezug zu den Daten und den jeweiligen Schülervorstellungen gestärkt werden würde. Darüber hinaus könnte der Experimenter-Bias im Datengenerierungsschritt sowie der Hindsight-Bias via Pre-Post-Befragungen zu den individuellen Vorstellungen in die Untersuchung der auftretenden Cognitive Biases während des Datenverarbeitungsprozesses mit einbezogen werden. Der Ansatz könnte auf der Untersuchung von Ludwig und Priemer (2013) aufbauen, in dem sie den Umgang mit abweichenden Daten von Schüler_innen in Simulations- und Realexperimenten vergleichen. Sie gehen dabei, in Anlehnung an das *Elaboration-Likelihood-Model of Persuation*, von zwei Argumentations-Routen aus, der rationalen *central route* und der *peripheral route* (Ludwig & Priemer, 2013; Petty & Cacioppo, 1986). Letztere wird genutzt, wenn die Beurteilung intuitiv und im Zusammenhang mit einem geringeren fachlichen Wissen erfolgt, sodass Heuristiken für die Datenbewertung im gegebenen Kontext angewendet werden. Hier zeigt sich ein Verknüpfungspunkt der vorliegenden Arbeit, der zukünftig näher beleuchtet werden könnte.

Ein wesentlicher Punkt, der im Hinblick auf Bestätigungstendenzen beim Umgang mit Daten im naturwissenschaftlichen Unterricht erwähnt werden soll, ist der, dass die Ursachenforschung auf kognitionspsychologischer Ebene zwar durchaus hilfreich für das Verstehen der Phänomene ist, jedoch die Förderung der notwenigen Kompetenzen durch langfristige methodische Einbindung in den Unterricht erfolgen muss. Dabei sollte darauf geachtet werden, dass bei Erkenntnisgewinnungsprozessen die Falsifizierung von Hypothesen und Theorien einen äquivalenten Stellenwert zu deren Verifizierung erhält. Andernfalls könnte die Bestätigung als Normalfall verstanden werden, wodurch die aufgezeigten Bestätigungstendenzen zusätzlich gefördert werden können. Gezielte Prävention durch Kenntnis der Ursachen, beispielsweise in Form von Cognitive Biases und die Förderung eines wissenschaftsnahen Umgangs mit Daten sollten demnach im naturwissenschaftlichen Unterricht verknüpft implementiert werden.

Literaturverzeichnis

Ajzen, I. (1996). The Social Psychology of Decision Making. In E. T. Higgins & A. W. Kruglanski (Hrsg.), *Social psychology. Handbook of basic principles* (S. 297–325). New York: Guilford Press.

American Psychological Association. (2009). *APA Concise Dictionary of Psychology:* American Psychological Association. Verfügbar unter http://books.google.de/books?id=G_w9LgAACAAJ

Arkes, H. R., Faust, D., Guilmette, T. J. & Hart, K. (1988). Eliminating the hindsight bias. *Journal of Applied Psychology, 73* (2), 305–307.

Balph, D. F. & Hatch Balph, M. (1983). On The Psychology of Watching Birds: The Problem of Observer-expectancy Bias. *Auk* (100), 755–757.

Baron, J., Beattie, J. & Hershey, J. C. (1988). Heuristics and Biases in Diagnostic Reasoning. *Organizational Behavior and Human Decision Processes* (42), 88–110.

Baron, J. & Hershey, J. C. (1988). Outcome Bias in Decision Evaluation. *Journal of Personality and Social Psychology, 54* (4), 569–579.

Blank, H., Nestler, S., Collani, G. von & Fischer, V. (2008). How many hindsight biases are there? *Cognition, 106* (3), 1408–1440.

Blühdorn, H., Breindl, E. & Waßner, U. H. (Hrsg.). (2008). *Text - Verstehen. Grammatik und darüber hinaus* (Jahrbuch des Instituts für Deutsche Sprache, Bd. 2005). Berlin, New York: Walter de Gruyter. Verfügbar unter http://www.reference-global.com/doi/book/10.1515/9783110199963

Bortz, J. & Döring, N. (2009). *Forschungsmethoden und Evaluation. Für Human- und Sozialwissenschaftler ; mit 87 Tabellen* (4., überarb. Aufl., Nachdr). Heidelberg: Springer-Medizin-Verl.

Caverni, J.-P., Fabre, J.-M. & Gonzalez, M. (1990). *Cognitive biases* (Advances in Psychology, Bd. 68). Amsterdam: North-Holland; Distributors for the U.S. and Canada, Elsevier Science Pub. Co.

Chinn, C. A. & Brewer, W. F. (1998). An empirical test of a taxonomy of responses to anomalous data in science. *Journal of research in science teaching, 35* (6), 623–654.

Christensen-Szalanski, Jay J. J & Willham, C. F. (1991). The hindsight bias: A meta-analysis. *Organizational Behavior and Human Decision Processes, 48* (1), 147–168. Verfügbar unter http://www.sciencedirect.com/science/article/pii/074959789190010Q

Darley, J. M. & Gross, P. H. (1983). A hypothesis-confirming bias in labeling effects. *Journal of Personality and Social Psychology, 44* (1), 20–33.

Davies, M. F. (1987). Reduction of hindsight bias by restoration of foresight perspective: Effectiveness of foresight-encoding and hindsight-retrieval strategies. *Organizational Behavior and Human Decision Processes, 40* (1), 50–68. Verfügbar unter http://www.sciencedirect.com/science/article/pii/0749597887900057

Dresing, T. & Pehl, T. (2011). *Praxisbuch Transkription. Regelsysteme, Software und praktische Anleitungen für qualitative ForscherInnen* (2. Auflage, Sept. 2011). Marburg: Eigenverlag.

Duit, R. & Treagust, D. F. (2003). Conceptual change: A powerful framework for improving science teaching and learning. *International Journal of Science Education, 25* (6), 671–688.

Edelmann, W. & Wittmann, S. (2012). *Lernpsychologie* (7., vollständig überarbeitete Aufl). Weinheim, Bergstr: Beltz, J.

Ehmer, M. & Hammann, M. (2008). Confirmation bias revisited. In M. Hammann (Hrsg.), *Biology in context. Learning and teaching for the twenty-first century; a selection of papers presented at the VIth Conference of European Researchers in Didactics of Biology (ERIDOB), 11 - 15 September 2006, Inst. of Education, Univ. of London (UK)* (S. 192–201). London: Institute of Education.

Eisenhauer, M. (2001). *Selektive Aktivierung als Erklärung des Ruckschaufehlers*, Universität Trier. Universitätsring 15, 54296 Trier.

Furnham, A. & Boo, H. C. (2011). A literature review of the anchoring effect. *The Journal of Socio-Economics, 40* (1), 35–42.

Gärtner, K. (2006, 01. Januar). *Handlungsentscheidungen nach nicht-hypothesenkonformen Ergebnissen in den experimentellen Biowissenschaften,* Universitätsbibliothek.

Gigerenzer, G. & Todd, P. M. (1999). *Simple heuristics that make us smart:* Oxford University Press.

Gilbert, J. K. (2010). The role of visual representations in the learning and teaching of science: An introduction. *Asia Pacific Forum on Science Learning and Teaching, 11* (1), 1–19.

Gropengiesser, H. & Kattmann, U. (Hrsg.). (2008). *Fachdidaktik Biologie* (8. Aufl.). Köln: Aulis.

Hadenfeldt, J. C. & Neumann, K. (2012). Die Erfassung des Verständnisses von Materie durch Ordered Multiple Choice Aufgaben. *Zeitschrift für Didaktik der Naturwissenschaften, 18,* 317–338.

Hammann, M. (2004). Kompetenzentwicklungsmodelle. Merkmale und ihre Bedeutung - dargestellt anhand von Kompetenzen beim Experimentieren. *MNU, 57* (4), 196–203.

Hammann, M. (Hrsg.). (2008). *Biology in context. Learning and teaching for the twenty-first century; a selection of papers presented at the VIth Conference of European Researchers in Didactics of Biology (ERIDOB), 11 - 15 September 2006, Inst. of Education, Univ. of London (UK).* London: Institute of Education.

Hammann, M., Hoi Phan, T. T., Ehmer, M. & Bayrhuber, H. (2006). Fehlerfrei Experimentieren. *MNU, 59* (5), 292–299.

Hammann, M. & Jördens, J. (2014). Offene Aufgaben codieren. In D. Krüger, I. Parchmann, H. Schecker & I. Parchmann (Hrsg.), *Methoden in der naturwissenschaftsdidaktischen Forschung* (S. 169–178). Berlin, Heidelberg: Springer Spektrum.

Hell, W., Fiedler, K. & Gigerenzer, G. (1993). *Kognitive Täuschungen. Fehl-Leistungen und Mechanismen des Urteilens, Denkens und Erinnerns* (Spektrum Psychologie). Heidelberg: Spektrum Akademischer Verlag.

Hernandez, I. & Preston, J. L. (2013). Disfluency disrupts the confirmation bias. *Journal of Experimental Social Psychology, 49* (1), 178–182.

Higgins, E. T. & Kruglanski, A. W. (Hrsg.). (1996). *Social psychology. Handbook of basic principles.* New York: Guilford Press.

Hoffrage, U., Hertwig, R. & Gigerenzer, G. (2000). Hindsight bias: A by-product of knowledge updating? *Journal of Experimental Psychology: Learning, Memory, and Cognition, 26* (3), 566–581.

Hogarth, R. M. (1987). *Judgement and choice. The psychology of Decision* (2nd ed.). Chichester [West Sussex]: Wiley.

Hug, B. & McNeill, K. L. (2008). Use of First-hand and Second-hand Data in Science: Does data type influence classroom conversations? *International Journal of Science Education, 30* (13), 1725–1751.

Hutchinson, John M. C. & Gigerenzer, G. (2005). Simple heuristics and rules of thumb: Where psychologists and behavioural biologists might meet. *Proceedings of the meeting of the Society for the Quantitative Analyses of Behavior (SQAB 2004), 69* (2), 97–124. Verfügbar unter http://www.sciencedirect.com/science/article/pii/S0376635705000495

Jelemenska, P. (2002). Schülervorstellungen zur "Einheit in der Natur". *Erkenntnisweg Biologiedidaktik,* 53–62.

Jeng, M. (2006). A selected history of expectation bias in physics. *American Journal of Physics, 74* (7), 578.

Kahneman, D. (2014). *Schnelles Denken, langsames Denken.* München: Pantheon.

Kanari, Z. & Millar, R. (2004). Reasoning from data: How students collect and interpret data in science investigations. *Journal of Research in Science Teaching, 41* (7), 748–769.

Kattmann, U. (2005). Lernen mit anthropomorphen Vorstellungen? Ergebnisse von Untersuchungen zur Didaktischen Rekonstruktion in der Biologie. *Zeitschrift für Didaktik der Naturwissenschaften, 11,* 165–174.

Kattmann, U. (2007). Didaktische Rekonstruktion - eine praktische Theorie. In D. Krüger & H. Vogt (Hrsg.), *Theorien in der biologiedidaktische Forschung. Ein Handbuch für Lehramtsstudenten und Doktoranden* (1st ed, S. 93–104). Berlin: Springer.

Kazdin, A. E. (1977). Artifacts, Bias and Complexity of Assessment. *Journal of Applied Behavior Analysis, 10* (1), 141–150.

Klaczynski, P. A. (2000). Motivated Scientific Reasoning Biases, Epistemological Beliefs, and Theory Polarization. *Child Development, 71* (5), 1347–1366.

Klaczynski, P. A. & Narasimham, G. (1998). Development of scientific reasoning biases: Cognitive versus ego-protective explanations. *Developmental Psychology, 34* (1), 175–187.

Klayman, J. & Ha, Y.-w. (1987). Confirmation, disconfirmation, and information in hypothesis testing. *Psychological Review, 94* (2), 211–228.

Krüger, D. (2007). Die Conceptual Change-Theorie. In D. Krüger & H. Vogt (Hrsg.), *Theorien in der biologiedidaktische Forschung. Ein Handbuch für Lehramtsstudenten und Doktoranden* (1st ed, S. 81–92). Berlin: Springer.

Krüger, D., Parchmann, I., Schecker, H. & Parchmann, I. (Hrsg.). (2014). *Methoden in der naturwissenschaftsdidaktischen Forschung.* Berlin, Heidelberg: Springer Spektrum.

Krüger, D. & Riemeier, T. (2014). Die qualitative Inhaltsanalyse - Eine Methode zur Auswertung von Interviews. In D. Krüger, I. Parchmann, H. Schecker & I. Parchmann (Hrsg.), *Methoden in der naturwissenschaftsdidaktischen Forschung* (S. 133–145). Berlin, Heidelberg: Springer Spektrum.

Krüger, D. & Vogt, H. (Hrsg.). (2007). *Theorien in der biologiedidaktische Forschung. Ein Handbuch für Lehramtsstudenten und Doktoranden* (1st ed). Berlin: Springer.

Kultusministerkonferenz (2004). Bildungsstandards im Fach Biologie für den Mittleren Schulabschluss.

Lachmayer, S. (2008). *Entwicklung und Überprüfung eines Strukturmodells der Diagrammkompetenz für den Biologieunterricht.* Dissertation, Christian-Albrechts-Universität. Kiel.

Leach, J., Driver, R., Scott, P. & Wood-Robinson, C. (1995). Children's ideas about ecology 1: theoretical background, design and methodology. *International Journal of Science Education, 17* (6), 721–732.

Leach, J., Driver, R., Scott, P. & Wood-Robinson, C. (1996). Children's ideas about ecology 2: ideas found in children aged 5-16 about the cycling of matter. *International Journal of Science Education, 18* (1), 19–34.

Leach, J., Driver, R., Scott, P. & Wood-Robinson, C. (1996). Children's ideas about ecology 3: ideas found in children aged 5-16 about the interdependency of organisms. *International Journal of Science Education, 18* (2), 129–141.

Lin, J.-Y. (2007). Responses to anomalous data obtained from repeatable experiments in the laboratory. *Journal of Research in Science Teaching, 44* (3), 506–528.

Lord, C. G., Ross, L. & Lepper, M. R. (1979). Biased assimilation and attitude polarization: The effects of prior theories on subsequently considered evidence. *Journal of Personality and Social Psychology, 37* (11), 2098–2109.

Lubben, F. & Millar, R. (1996). Children's ideas about the reliability of experimental data. *International Journal of Science Education, 18* (8), 955–968.

Ludwig, T. & Priemer, B. (2013). Secondary School Students Reasoning From Anomalous Date. NARST Annual International Conference, Puerto Rico.

MacCoun, R. J. (1998). Biases in the interpretation and use of research results. *Annual review of psychology, 49,* 259–287.

Masnick, A. & Zimmerman, C. (2009). Evaluating scientific research in the context of prior belief: Hindsight bias or confirmation bias? *Journal of Psychology of Science and Technology, 2* (1), 29–36.

Mason, L. (2001). Responses to anomalous data on controversial topics and theory change. *Learning and Instruction, 11* (6), 453–483.

Mayer, J. (2007). Erkenntnisgewinnung als wissenschaftliches Problemlösen. In D. Krüger & H. Vogt (Hrsg.), *Theorien in der biologiedidaktische Forschung. Ein Handbuch für Lehramtsstudenten und Doktoranden* (1st ed, S. 177–186). Berlin: Springer.

Mayer, J. (2008). Freiland, Umweltzentren und Lernlabore. In H. Gropengiesser & U. Kattmann (Hrsg.), *Fachdidaktik Biologie* (8. Aufl., S. 414–429). Köln: Aulis.

Mayring, P. (2010). *Qualitative Inhaltsanalyse. Grundlagen und Techniken* (Beltz Pädagogik, 11., aktual. u. überarb. Aufl). Weinheim: Beltz.

Munson, B. H. (1994). Ecological Misconceptions. *The Journal of Environmental Education, 25* (4), 30–34.

Mussweiler, T., Englich, B. & Strack, F. (2004). Anchoring effect. In R. F. Pohl (Hrsg.), *Cognitive Illusions* (S. 183–200). New York: Psychology Press.

Nentwig, W., Bacher, S. & Brandl, R. (2012). *Ökologie kompakt* (Bachelor, 3. Auflage). Heidelberg: Spektrum Akademischer Verlag.

Neys, W. de, Vartanian, O. & Goel, V. (2008). Smarter than we think. When our brains detect that we are biased. *Psychological Science, 19* (5), 483–489.

Nickerson, R. S. (1998). Confirmation bias: A ubiquitous phenomenon in many guises. *Review of General Psychology, 2* (2), 175–220.

Niebert, K. & Gropengießer, H. (2014). Leitfadengestützte Interviews. In D. Krüger, I. Parchmann, H. Schecker & I. Parchmann (Hrsg.), *Methoden in der naturwissenschaftsdidaktischen Forschung* (S. 121–132). Berlin, Heidelberg: Springer Spektrum.

Oswald, M. E. & Grosjean, S. (2004). Confirmation Bias. In R. F. Pohl (Hrsg.), *Cognitive Illusions* (S. 79–96). New York: Psychology Press.

Petty, R. E. & Cacioppo, J. T. (1986). The Elaboration Likelihood Model of Persuasion. In Leonard Berkowitz (Hrsg.), *Advances in Experimental Social Psychology* (Volume 19, S. 123–205). Academic Press. Verfügbar unter http://www.sciencedirect.com/science/article/pii/S0065260108602142

Pohl, R. F. (Hrsg.). (2004). *Cognitive Illusions.* New York: Psychology Press.

Riemeier, T. (2007). Moderater Konstruktivismus. In D. Krüger & H. Vogt (Hrsg.), *Theorien in der biologiedidaktische Forschung. Ein Handbuch für Lehramtsstudenten und Doktoranden* (1st ed, S. 69–79). Berlin: Springer.

Risinger, D. M. & Saks, M. J. (2002). The Daubert/Kumho Implications of Observer Effects in Forensic Science: Hidden Problems of Expectation and Suggestion. *California Law Review, 90* (1), 1–56.

Rod, M. (2011, 01. Januar). *Von wandernden Genen, individualistischen Arten & dem Kampf des Menschen mit dem Ungleichgewicht in der Natur,* uniwien.

Rost, J. (1996). *Lehrbuch Testtheorie, Testkonstruktion* (Aus dem Programm Huber: Psychologie-Lehrbuch, 1. Aufl). Bern [u.a.]: Huber.

Sander, E. (2003). Harmonisch-stabile oder "fließende" Natur? Zum Naturverständnis in der Ökologie bei Schülerinnen und Schülern. *Erkenntnisweg Biologiedidaktik,* 83–90.

Sandmann, A. (2014). Lautes Denken - die Analyse von Denk-, Lern- und Problemlöseprozessen. In D. Krüger, I. Parchmann, H. Schecker & I. Parchmann (Hrsg.), *Methoden in der naturwissenschaftsdidaktischen Forschung* (S. 179–188). Berlin, Heidelberg: Springer Spektrum.

Schnotz, W. (2008). Was geschieht im Kopf des Lesers? Mentale Konstruktionsprozesse beim Textverstehen aus der Sicht der Psychologie und der kognitiven Linguistik. In H. Blühdorn, E. Breindl & U. H. Waßner (Hrsg.), *Text - Verstehen. Grammatik und darüber hinaus* (Jahrbuch des Instituts für Deutsche Sprache, Bd. 2005, S. 222–238). Berlin, New York: Walter de Gruyter.

Schnotz, W. & Bannert, M. (1999). Einflüsse der Visualisierungsform auf die Konstruktion mentaler Modelle beim Text- und Bildverstehen. *Experimental Psychology (formerly \"Zeitschrift für Experimentelle Psychologie\"), 46* (3), 217–236.

Schwind, C. & Buder, J. (2012). Reducing confirmation bias and evaluation bias: When are preference-inconsistent recommendations effective – and when not? *Computers in Human Behavior, 28* (6), 2280–2290.

Schwind, C., Buder, J., Cress, U. & Hesse, F. W. (2012). Preference-inconsistent recommendations: An effective approach for reducing confirmation bias and stimulating divergent thinking? *Computers & Education, 58* (2), 787–796.

Seeley, T. D. (2014). *Bienendemokratie. Wie Bienen kollektiv entscheiden und was wir davon lernen können* (1. Aufl.). Frankfurt am Main: S. FISCHER.

Senatsverwaltung für Bildung, Jugend und Sport (2006). *Rahmenlehrplan Biologie für die gymnasiale Oberstufe*. Gymnasien, Gesamtschulen mit gymnasialer Oberstufe, Berufliche Gymnasien, Kollegs, Abendgymnasien. Berlin: Oktoberdruck.

Stanovich, K. E. & West, R. F. (2008). On the relative independence of thinking biases and cognitive ability. *Journal of Personality and Social Psychology, 94* (4), 672–695.

Trope, Y. & Liberman, A. (1996). Social hypothesis testing: Cognitive and motivational mechanisms. In E. T. Higgins & A. W. Kruglanski (Hrsg.), *Social psychology. Handbook of basic principles* (S. 239–270). New York: Guilford Press.

Tuyttens, F., Graaf, S. de, Heerkens, J., Jacobs, L., Nalon, E., Ott, S. et al. (2014). Observer bias in animal behaviour research: can we believe what we score, if we score what we believe? *Animal Behaviour, 90*, 273–280.

Tversky, A. & Kahneman, D. (1974). Judgment under Uncertainty: Heuristics and Biases. *Science (New York, N.Y.), 185* (4157), 1124–1131.

Vom Schemm, K., Dreger, B. & Köhnken, G. (2008). Suggestion und konfirmatorisches Testen sozialer Hypothesen in Befragungssituationen. *Forensische Psychiatrie, Psychologie, Kriminologie, 2* (1), 20–27.

Wason, P. C. (1960). On the failure to eliminate hypotheses in a conceptual task. *Quarterly Journal of Experimental Psychology, 12* (3), 129–140.

Printed in the United States
By Bookmasters

Printed in the United States
By Bookmasters